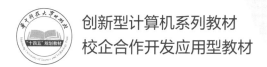

创新型计算机系列教材
校企合作开发应用型教材

U0193649

# JavaScript
# 程序设计

*JavaScript Chengxu Sheji*

主　编◎王永涛　巫锦润　桂大斌
副主编◎龙　平　杨卫平　陈维华　王舟盛
　　　　肖永报　苏　静　韩　啸　张书波
　　　　金会赏　李　纲　梁　帅　韩泉鹏
　　　　姜　波

华中科技大学出版社
http://press.hust.edu.cn
中国·武汉

**图书在版编目（CIP）数据**

JavaScript 程序设计／王永涛，巫锦润，桂大斌主编 . -- 武汉：华中科技大学出版社，2025. 1. -- ISBN978-7-5772-1668-3

Ⅰ. TP312. 8

中国国家版本馆 CIP 数据核字第 20259FQ659 号

**JavaScript 程序设计**

JavaScript Chengxu Sheji

王永涛　　巫锦润　　桂大斌　　主编

策划编辑:汪　粲

责任编辑:余　涛

封面设计:廖亚萍

责任监印:周治超

出版发行:华中科技大学出版社(中国·武汉)　　　电话:(027)81321913

　　　　　武汉市东湖新技术开发区华工科技园　　　邮编:430223

录　　排:华中科技大学惠友文印中心

印　　刷:武汉科源印刷设计有限公司

开　　本:787mm×1092mm　1/16

印　　张:14. 75

字　　数:311 千字

版　　次:2025 年 1 月第 1 版第 1 次印刷

定　　价:59. 80 元

# 前　言

JavaScript 作为一种高级、解释型的编程语言，是现代 Web 开发中不可或缺的核心技术之一。JavaScript 自诞生以来，迅速成为 Web 开发领域的标准。随着时间的推移，JavaScript 不仅在 Web 开发中占据了核心地位，还在全栈开发、移动应用开发、游戏开发等多个领域拥有广泛的应用前景。本书旨在系统、深入地介绍 JavaScript 语言的基本概念、语法规则及其在实际开发中的应用，帮助读者从入门到精通 JavaScript，奠定坚实的编程基础。本书对每个知识点都进行了深入分析，并针对知识点精心设计了案例和综合任务，以提高读者的实际操作能力。

本书共分为九章，内容涵盖了 JavaScript 的基本概念、开发工具、数据类型、运算符、流程控制、数组、函数、对象、DOM 操作、BOM 操作、正则表达式及面向对象编程等多个方面。每章内容既独立成篇，又相互联系，形成一个完整的知识体系，帮助读者循序渐进地掌握 JavaScript 编程技术。

希望通过本书的学习，读者能够全面掌握 JavaScript 编程技术，并在实际开发中灵活应用，不断提升自己的编程能力和技术水平。无论是初学者还是有经验的开发者，本书都将成为您学习和掌握 JavaScript 的重要资源。为了方便教学，本书配有优质课件、源程序、微课视频、课程大纲、课程教案等教学资源，读者可登录 www.bjwxbook.com 获取。

本书在编写过程中，参考了大量的文献资料，在此向这些文献的作者表示诚挚的谢意。

由于编者水平有限，书中难免存在错漏之处，敬请广大读者批评指正。

编者
2025 年 1 月

# 目　录

第一章

# JavaScript 概述

- 了解 JavaScript 基本概念;
- 了解 JavaScript 的作用、由来、组成和特点;
- 熟悉常见浏览器的特点;
- 掌握 JavaScript 编辑工具;
- 掌握 JavaScript 代码引入方式;
- 掌握 JavaScript 注释的使用。

**思政目标**

- 通过介绍我国互联网技术的发展,激发学生对 JavaScript 学习的热情和兴趣,鼓励学生勇于探索未知领域,培养他们的探索精神。引导学生思考技术发展对社会进步的影响,意识到自己在技术发展中的角色和责任,培养他们的社会责任感。
- 通过介绍 JavaScript 的就业前景和职业发展方向,强调职业道德和职业素养的重要性。引导学生树立正确的职业观念,遵守职业道德规范,保持诚实守信、勤奋敬业的品质,培养他们成为有责任感和使命感的职业人。
- JavaScript 作为一门不断发展的编程语言,需要持续学习和更新知识。引导学生树立终身学习的意识,不断追求新知,提升自己的综合素质和能力,以适应不断变化的社会需求。

HTML(hypertext markup language,超文本标记语言)、CSS(cascading style sheets,层叠样式表)和 JavaScript 是开发网页所必备的技术,大家在掌握 HTML 和 CSS 技术之后,已经能够编写出各式各样的网页,但若想让网页具有良好的交互性,还要使用 JavaScript。本章将介绍 JavaScript 的基本概念、开发工具和基本使用方法,让读者对 JavaScript 有一个初步的认识。

# 1.1　JavaScript 基本概念

## 1.1.1　JavaScript 概述

JavaScript 是一种高级、解释型的编程语言，广泛应用于网页开发，同时也是前端开发的核心技术之一。它最初设计目的是增加网页的交互性，允许创建动态网页。随着时间的推移，JavaScript 的应用已经扩展到服务器端（如 Node. js）、移动应用开发、桌面应用开发（如 Electron）以及机器学习等多个领域。

视频讲解

JavaScript 是一种基于原型的脚本语言，支持面向对象和命令式编程风格。它的特点之一是灵活的数据类型和动态类型系统。JavaScript 也支持闭包和高阶函数，这使其对于函数式编程非常友好。此外，它的异步处理能力（如通过 Promises 和 async/await）也使得处理时间密集型或耗时的 I/O 操作成为可能。

随着 ECMAScript 标准的持续发展，JavaScript 的语法和功能也在不断增强，如 ES6 引入的类语法、箭头函数、模块化等新特性，极大地提高了开发效率和程序的可读性。现在，JavaScript 已经从一个简单的脚本语言发展成为全栈开发的重要工具。

在前端开发领域，JavaScript 与 HTML 和 CSS 共同作用，实现网页的结构、样式和行为的分离。广泛的框架和库选择，如 React、Angular 和 Vue. js，进一步简化了复杂应用的构建过程，实现了响应式和数据驱动的用户界面设计。

## 1.1.2　HTML、CSS 和 JavaScript 的关系

JavaScript、HTML 和 CSS 是现代网页开发中不可或缺的三种核心技术，它们各自承担着不同的职责，共同构建了互联网世界的繁荣景象。

HTML 作为一种标记语言，承担了定义网页结构和内容的任务。通过使用一系列的标签（如<div>、<p>、<img>等），HTML 描述了网页上的各种元素，包括文字、图像、链接等。HTML 为网页奠定了坚实的基础，但它主要负责的是静态内容的展示，不涉及页面的样式和交互。

CSS 是一种样式表语言，专门用于控制网页的外观和布局。通过选择器和属性，CSS 可以描述页面元素的样式，如颜色、字体、大小、间距等。借助 CSS，开发者可以将 HTML 文档美化，实现各种各样的视觉效果，使页面看起来更加吸引人和易于阅读。CSS 的灵活性和强大功能使得网页设计师能够创造出令人惊艳的用户界面，提升用户体验。

JavaScript 作为一种脚本语言，承担了实现网页交互和动态效果的重任。JavaScript 可以操作 HTML 和 CSS，使得页面元素具有动态行为，能够响应用户的操作并与服务器进行通信。它可以实现诸如表单验证、动画效果、页面加载和数据交互等功能，为用

户提供更加丰富和智能的网页体验。JavaScript 的强大功能使得网页不再是静态的展示内容，而是可以根据用户行为实时变化的动态系统。

总体而言，HTML 负责定义网页的结构和内容，CSS 负责控制网页的样式和布局，而 JavaScript 则负责实现网页的交互和动态效果。这三种技术相辅相成，共同构建了现代网页的基础，为用户提供了丰富多样的互联网体验。在互联网的发展进程中，这三种技术也在不断地演化和完善，以满足日益增长的用户需求，推动着互联网技术的不断进步。

## 1.1.3 JavaScript 常见应用场景

JavaScript 是一种强大的脚本语言，广泛应用于网页开发中，能够实现多种常见的应用。下面将详细介绍 JavaScript 的常见应用。

（1）表单验证：在网页表单中，JavaScript 可以用于验证用户输入的数据是否符合要求。例如，可以检查邮箱地址格式、密码强度等，提高表单的数据准确性和完整性，如图 1-1 所示。

图 1-1

（2）动态内容加载：在不重新加载整个页面的情况下，JavaScript 能够动态地加载新的内容。这使得网页能更加交互式和快速响应用户操作，提升用户体验（见图 1-2）。

图 1-2

（3）DOM 操作：JavaScript 可以通过操作文档对象模型（DOM），动态地改变网页的内容、结构和样式。通过添加、删除或修改 DOM 元素，实现页面的动态效果和交互性。

（4）事件处理：JavaScript 可以捕获用户的各种操作事件，如单击、鼠标移动、键盘输入等，并根据这些事件触发相应的响应动作。这为网页提供了更灵活和丰富的用户交互方式。

（5）动画效果：利用 JavaScript 可以改变 HTML 元素的属性值或者使用 CSS 动画来创建各种动画效果。例如，实现淡入/淡出、滑动、旋转等效果，为用户提供生动和吸引人的视觉体验（见图 1-3）。

图 1-3

（6）Cookie 和本地存储：JavaScript 可以操作浏览器的 Cookie 和本地存储，实现用户数据的持久化存储和管理。这为网站提供了个性化的服务和体验，提高用户黏性和满意度。

## 1.1.4 JavaScript 发展史

JavaScript 由 Netscape 公司的 Brendan Eich 在 1995 年创建。它的发展史可以分为以下 9 个阶段。

**1. 诞生和初期阶段（1995—2005 年）**

JavaScript 最初是作为一种脚本语言来增强网页的交互性而创建的。1995 年，Netscape 公司发布了 JavaScript 作为其浏览器 Navigator 的一部分。当时，JavaScript 还受到了微软公司的关注，微软公司推出了自己的版本，称为 JScript。在这个阶段，JavaScript 主要用于简单的表单验证和页面动态效果。

**2. Web 2.0 时代（2005—2010 年）**

随着 Web 应用的复杂性增加，JavaScript 开始扮演更为重要的角色。2005 年，Google 推出了 Google Maps 和 Gmail 等基于 Ajax（Asynchronous JavaScript and XML）技术的应用，这一技术使得网页能够异步加载数据，实现更流畅的用户体验。JavaScript 在此期间得到了广泛的应用，成为构建动态 Web 应用的关键技术。

### 3. ECMAScript 5 和 HTML5 时代（2010 年至今）

2010 年，ECMAScript 5（简称 ES5）发布，为 JavaScript 带来了许多新的特性和改进，如严格模式、数组方法、JSON 对象等。同时，HTML5 标准的推出也为 JavaScript 提供了更多的 API 支持，如 Canvas、WebSocket、Web Worker 等，使得 JavaScript 能够处理更多、更复杂的任务，并且能够在移动设备上得到更好的支持。

### 4. ES6 及其后续版本（2015 年至今）

2015 年，ECMAScript 6（简称 ES6，也称为 ES2015）发布，带来了许多重要的语言特性，如箭头函数、模板字符串、解构赋值等，大大提升了开发效率和代码质量。此后，ECMAScript 每年发布一个新版本，为 JavaScript 语言的发展提供了更多的动力和方向，如 ES7、ES8、ES9 等版本相继发布，为开发者提供了更多的选择和工具。

### 5. 现代 JavaScript 框架和工具的兴起（2010 年至今）

随着前端开发的不断发展，出现了许多优秀的 JavaScript 框架和工具，如 AngularJS、React、Vue.js 等，它们使得开发者能够更快速、更高效地构建复杂的 Web 应用。同时，Node.js 的出现使得 JavaScript 不仅能够在客户端运行，还能够在服务器端运行，实现了全栈 JavaScript 开发的梦想。

### 6. 跨平台开发和移动端应用（2010 年至今）

随着移动互联网的迅猛发展，JavaScript 也在移动应用开发中扮演着越来越重要的角色。借助框架如 React Native 和 Ionic，开发者可以使用 JavaScript、HTML 和 CSS 构建跨平台的移动应用，实现一次编写多端运行的目标。这一趋势大大降低了开发成本，加快了产品上线速度，同时也促进了 Web 与移动应用的融合。

### 7. 前端工程化和模块化开发（2010 年至今）

随着前端开发项目的复杂性不断增加，前端工程化成为发展的必然趋势。JavaScript 的模块化开发变得尤为重要，使得开发者能够更好地组织和管理代码。出现了诸如 Webpack、Parcel 等打包工具，以及 Babel 等转译工具，使得开发者能够使用最新的语言特性，并且能够将代码优化、压缩、打包，提高项目的性能和可维护性。

### 8. WebAssembly 和大前端时代（2015 年至今）

随着 Web 应用的复杂度不断增加，JavaScript 有时无法满足高性能和大规模计算的需求。因此，WebAssembly（简称 Wasm）应运而生，它是一种可移植、高性能的二进制格式，可以在 Web 上实现接近原生的性能。WebAssembly 与 JavaScript 一起使用，使得开发者能够利用不同的编程语言编写 Web 应用的各个部分，开启了大前端时代的序幕。

### 9. 人工智能和物联网的融合（2015 年至今）

随着人工智能和物联网技术的迅猛发展，JavaScript 也在这一领域发挥着重要作用。

例如，TensorFlow. js 和 Brain. js 等机器学习库使得开发者能够在浏览器中运行机器学习模型，实现前端人工智能应用。同时，JavaScript 也被广泛应用于物联网设备的控制和数据传输，使得 Web 应用能够与物理世界更好地交互。

## 1.1.5 JavaScript 的组成

JavaScript 是当今互联网应用开发中不可或缺的编程语言之一，其功能强大且应用广泛，从客户端的网页交互到服务器端的应用逻辑，再到移动设备和桌面应用等，都有 JavaScript 的身影。理解 JavaScript 的组成对于掌握和有效使用这门语言至关重要。

（1）JavaScript 的核心是由 ECMAScript 标准定义的。ECMAScript 规定了该语言的语法、类型、语句、关键字、保留字、运算符、对象等核心机制。JavaScript 的核心功能旨在提供一种高效、简洁的编程方法，以支持复杂的操作，其中包括处理数据类型、数组、对象和函数等。

（2）文档对象模型（DOM），这是一个跨平台和语言独立的接口，让程序可以动态访问和更新文档的内容、结构和样式。DOM 将 HTML 或 XML 文档抽象为树形结构，每个节点代表文档中的一部分，通过 JavaScript 可对这些节点进行增加、删除、修改等操作，这是实现动态网页和用户交互的基础。

（3）浏览器对象模型（BOM）为 JavaScript 提供与浏览器交互的能力，它允许 JavaScript 访问并操作浏览器窗口。BOM 的 API 支持弹窗警告、操作窗口大小、导航和定位等功能，这些都是增强 Web 应用用户体验的重要手段。

JavaScript 的组成如图 1-4 所示。

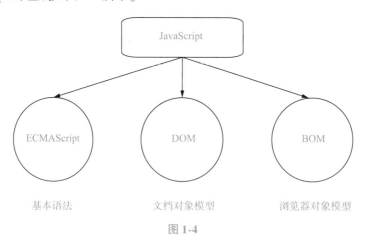

图 1-4

## 1.1.6 JavaScript 的特点

JavaScript 作为网络开发中最流行的编程语言之一，拥有许多独特的特点，使其在众多编程语言中脱颖而出。以下是 JavaScript 的一些主要特点。

（1）解释型语言：JavaScript 是一种解释型语言，代码在执行时即时编译，无需提前编译，这使得 JavaScript 具有快速开发的优势。开发者可以轻松编写脚本并立即在浏览器中看到结果。

（2）基于原型的对象模型：JavaScript 使用基于原型的继承机制而非传统的类基础。对象可以直接继承其他对象，使得对象的创建和继承更加灵活。

（3）动态类型：JavaScript 是一种动态类型语言，变量在声明时不需要指定类型。变量的类型可以在脚本的生命期内改变，这增加了语言的灵活性，但也增加了错误发生的可能性。

（4）异步和非阻塞：JavaScript 对异步编程提供了广泛的支持，特别是在使用 ES6 及之后版本时，有 Promises 和 async/await 等语法，使得异步代码更易于编写和理解。这对于处理网络请求、文件操作等耗时任务尤为重要。

（5）事件驱动：JavaScript 非常适合开发需要高度交互性的应用。它可以响应用户操作（如单击、滚动等）、网络请求或其他事件，并可以无缝地更新 UI，不需要重新加载页面。

（6）跨平台：JavaScript 原生支持在所有主流浏览器中运行，无论是在桌面还是移动设备上。同时，通过 Node. js，JavaScript 也能运行在服务器端。

（7）丰富的生态系统：JavaScript 拥有庞大的开发者社区和丰富的资源，包括无数的第三方库、框架、工具，以及详尽的文档和教程。这使得开发各种应用程序变得快速和高效。

（8）适应性强：JavaScript 能够开发从小到大的几乎所有类型的应用，包括单页应用（SPA）、服务器应用、移动应用（通过 React Native 等），甚至可以参与区块链和机器学习项目。

# 1.2　开发工具

## 1.2.1　JavaScript 编辑工具

JavaScript 开发涵盖从简单的文本编辑到复杂的 IDE（集成开发环境）不等的各种工具。下面介绍一些广泛使用的 JavaScript 开发工具。

（1）Visual Studio Code( VS Code)：这是一款轻量级而强大的源代码编辑器，支持 Windows、macOS 和 Linux。它提供了内置的 JavaScript 支持，可通过安装插件来进一步增强功能，如自动完成、代码调试、智能代码提示、代码片段、Git 集成等。

（2）Sublime Text：这是一个流行的文本编辑器，以其速度快、功能强大而著称。它支持多种编程和标记语言，通过安装插件，可以很好地支持 JavaScript 开发。

（3）WebStorm：由 JetBrains 开发，是一个专门为 JavaScript 开发设计的 IDE，支持

诸如 Node. js、Angular、React 等多种现代 JavaScript 开发技术。WebStorm 提供了强大的代码编辑、导航工具、重构功能和调试选项。

（4）HBuilder：是一款由中国公司 DCloud 推出的集成开发环境（IDE），主要用于移动应用开发。它基于 HTML5 技术栈，支持开发跨平台的移动应用程序，包括但不限于 iOS、Android 等。HBuilder 提供了丰富的功能和工具，如代码编辑器、可视化界面设计工具、调试器、模拟器等，使开发者能够高效地创建、调试和发布移动应用。同时，HBuilder 还集成了一些常用的前端开发工具和框架，如 Vue. js、React 等，方便开发者快速构建现代化的移动应用。

## 1.2.2 Hbuider 安装与使用

**1. 安装 HBuilder**

HBuilder 下载地址：在 HBuilder 官网 http：//www. dcloud. io/点击免费下载，下载最新版的 HBuilder。

HBuilder 目前有两个版本：一个是 Windows 版；另一个是 Mac 版。下载的时候根据自己的计算机选择适合自己的版本。

**2. 使用 HBuilder 新建项目**

依次单击"文件"→"新建"→"Web 项目"（见图 1-5）或按快捷键 Ctrl+N 弹出"创建 Web 项目"对话框（见图 1-6），即可新建项目。

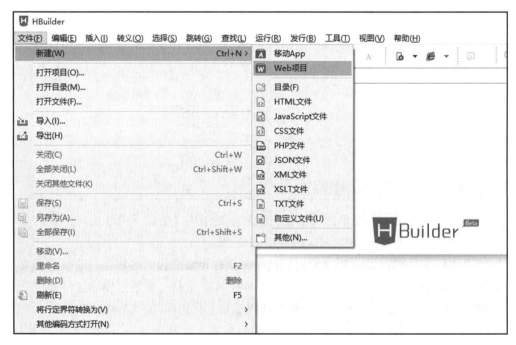

图 1-5

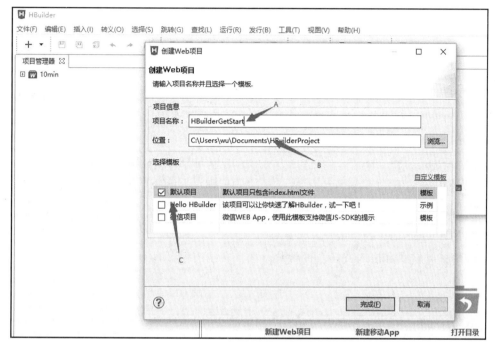

图 1-6

# 本 章 小 结

本章介绍了 JavaScript 的用途、发展史，HTML、CSS 和 JavaScript 的关系，JavaScript 的特点，以及 JavaScript 的三大组成部分，然后介绍了常用开发工具的相关内容。

# 课 后 练 习

一、选择题

1. JavaScript 主要用于（　　）。

A. 定义网页的内容和结构

B. 添加和管理网页的样式

C. 实现网页的动态交互功能

D. 优化网页的搜索引擎排名

2. 下列选项中，为 JavaScript 代码添加多行注释的语法为（　　）。

A. <! -- -->　　　　B. //　　　　　　C. /* */　　　　　D. #

3. 下列选项中，关于 JavaScript 的说法错误的是（　　）。

A. JavaScript 是脚本语言

B. JavaScript 可以跨平台

C. JavaScript 不支持面向对象

D. JavaScript 主要用于实现业务逻辑和页面控制

4. 下列选项中，关于行内式的说法错误的是（　　　）。

A. 行内式可读性较差，尤其在 HTML 文件中编写大量 JavaScript 代码时不方便阅读

B. 使用行内式，在遇到多层引号嵌套的情况时，非常容易混淆，导致代码出错

C. 行内式只有在临时测试或者特殊情况下使用，一般情况下不推荐使用行内式

D. 行内式适合在 JavaScript 代码量非常大的情况下使用

5. JavaScript 语言的主要组成部分有（　　　）。

A. HTML、CSS、Java　　　　　　　　B. ECMAScript、DOM、BOM

C. Python、PHP、TypeScript　　　　　D. SQL、JSON、XML

二、简答题

1. 简述 JavaScript 的组成。

2. 简述外链式和嵌入式各自的优势。

## 第二章

# JavaScript 基础

➤ 掌握 JavaScript 的基本使用；

➤ 掌握 JavaScript 变量的基本使用；

➤ 掌握 JavaScript 数据类型及相关转换；

➤ 掌握运算符的基本使用；

➤ 掌握流程控制语句的使用。

➤ 通过学习 JavaScript 的基础知识，培养学生的逻辑思维能力和编程素养，并能够使用它们解决问题，引导学生积极进取，不断进步。

➤ 遵守 JavaScript 编程规范，测试代码以确保其正确性和稳定性，教育学生做人做事需要遵守规则和相关规章制度。同时，通过 JavaScript 的学习，培养学生的职业素养和职业道德。

➤ JavaScript 的学习过程不仅仅是记忆和模仿，更重要的是培养学生的创新精神和创造力。鼓励学生尝试新的编程方法、解决问题的新思路。

JavaScript 是一种基于对象和事件驱动，并具有安全性能的解释型脚本语言。它不仅可用于编写客户端的脚本程序，由 Web 浏览器解释执行，还可以编写在服务器端执行的脚本程序，处理用户提交的信息，动态地向客户端浏览器返回处理结果。JavaScript 脚本语言与其他语言一样，有其自身的语法、数据类型、运算符、表达式等。本章将对 JavaScript 的基础知识进行详细讲解。

## 2.1 JavaScript 的基本使用方式

在 Web 开发中，JavaScript 是一种非常重要的脚本语言，用于在浏览器端实现动态效果和用户交互。本节讲解如何在 Web 页面中引入

视频讲解

JavaScript 代码。

## 2.1.1 行内引入方式

JavaScript 代码可以通过行内事件处理器直接在 HTML 元素中嵌入。这种方式通常称为行内引入或行内 JavaScript。行内 JavaScript 使得编写简短的事件响应代码变得非常直接和快捷，尤其是只需要对特定事件做出快速响应时。

行内 JavaScript 通常用于添加简单的事件响应，如单击按钮时触发警告等。

在图 2-1 所示的例子中，<button>元素通过 onclick 属性直接定义了单击事件的响应。当按钮被单击时，浏览器会执行 onclick 属性中的 JavaScript 代码，弹出一个警告窗口。

```html
<!DOCTYPE html>
<html>
<head>
    <title>行内JavaScript示例</title>
</head>
<body>
    <button onclick="alert('你单击了按钮!')">点击我</button>
</body>
</html>
```

图 2-1

行内引入方式的优点如下。

（1）即时反应：由于 JavaScript 代码直接与 HTML 元素关联，因此可以快速对事件做出响应。

（2）简单：对于非常简单或一次性的交互，这种方法非常直接且容易实现。

行内引入方式的缺点如下。

（1）难以维护：当业务逻辑变得复杂或需要在多个页面或多个地方使用同样的逻辑时，维护行内 JavaScript 代码会非常困难。

（2）可重用性低：由于 JavaScript 代码与 HTML 结构紧密耦合，重用相同的代码变得困难。

（3）违反了内容与行为分离的原则：现代 Web 开发通常推荐使用外部 JavaScript 文件来维护代码，这样有助于分离 HTML（内容）和 JavaScript（行为），提高网页的可维护性和可扩展性。

## 2.1.2 内联式

当 JavaScript 代码量不大时，可以直接在 HTML 文件中使用<script>标签编写 JavaScript 代码，如图 2-2 所示。

```
1  <!DOCTYPE html>
2  <html>
3      <head>
4          <meta charset="UTF-8">
5          <title></title>
6      </head>
7      <body>
8          <h1>Hello, JavaScript!</h1>
9          <script>
10             alert('这是一个内联JavaScript示例。');
11         </script>
12     </body>
13 </html>
```

图 2-2

这种方式简单直接，适合用于代码量少的简单交互。但是，当代码量较大或需要在多个页面中重复使用代码时，内联方式的维护和复用效率较低。

内联式 JavaScript 是直接将 JavaScript 代码嵌入 HTML 文件中，通常在 "<script>" 标签和 "</script>" 标签内嵌入。这种方式与外部文件引入方式相比有其独特的优缺点。

内联式的优点如下。

（1）简单快速：内联 JavaScript 使得在页面中添加简短的脚本变得非常简单和快速，无须创建额外的外部文件。

（2）即时执行：内联 JavaScript 代码会随着页面加载一起执行，因此适合需要即时执行的交互逻辑，如单击按钮弹出提示框等。

（3）减少 HTTP 请求：相比于外部文件引入方式，内联 JavaScript 不需要额外发起HTTP 请求，可以减少页面加载时间。

内联式的缺点如下。

（1）可维护性差：将 JavaScript 代码直接嵌入 HTML 文件中可能导致代码结构混乱，使得代码难以维护和管理。

（2）代码重用困难：由于内联 JavaScript 与特定页面紧密绑定，代码重用性较低，不利于在多个页面之间共享和复用代码。

（3）性能影响：大量使用内联 JavaScript 会增加 HTML 文件的大小，影响页面加载性能，尤其是在重复使用相同代码时。

（4）耦合度高：内联 JavaScript 与 HTML 耦合度高，难以实现 HTML 结构和 JavaScript 逻辑的分离，降低了代码的可维护性和可读性。

## 2.1.3 ▎外联式

将 JavaScript 代码编写在单独的 . js 文件中，然后通过<script>标签的 src 属性引入。这种方式使得 JavaScript 代码可以被多个页面共享，同时也便于管理和维护。例如，创建一个 main. js 文件，并编写代码，如图 2-3 所示。

```
1 <!DOCTYPE html>
2 <html>
3     <head>
4         <title>示例页面</title>
5     </head>
6     <body>
7         <h1>Hello, JavaScript!</h1>
8
9         <script src="main.js"></script>
10    </body>
11 </html>
```

图 2-3

外部文件引入方式是将 JavaScript 代码编写在单独的文件中，然后通过<script>标签的 "src" 属性引入 HTML 页面中。这种方式在 Web 开发中被广泛采用，但也存在一些优缺点。

外部文件引入方式的优点如下。

（1）代码复用性高：外部 JavaScript 文件可以在多个页面之间共享和重用，提高了代码的复用性。

（2）维护性强：通过将 JavaScript 代码分离到独立的文件中，可以使代码更易于管理和维护。当需要修改代码时，只需在一个地方进行修改，就可以在所有引用该文件的页面上生效。

（3）缓存利用：由于外部 JavaScript 文件可以被浏览器缓存，因此在用户再次访问同一网站时，可以加快页面加载速度，提升用户体验。

（4）结构清晰：将 JavaScript 代码与 HTML 代码分离，使得页面结构更清晰，便于阅读和理解。

外部文件引入方式的缺点如下。

（1）额外的 HTTP 请求：每个外部 JavaScript 文件都需要通过 HTTP 请求加载，当页面引入多个外部文件时，会增加页面的加载时间，影响性能。

（2）阻塞页面加载：浏览器会在加载外部 JavaScript 文件时阻塞页面的渲染和解析，直到文件完全下载和执行完毕，可能导致页面加载速度变慢。

（3）依赖网络连接：如果外部 JavaScript 文件存储在外部服务器上，那么页面加载的速度将受到网络连接质量和服务器性能的影响。

（4）可能存在跨域问题：当外部 JavaScript 文件与页面不在同一个域下时，可能会面临跨域访问的限制问题，需要进行额外的处理和配置。

总的来说，外部文件引入方式是一种常用且有效的 JavaScript 引入方式，特别适合大型项目和需要代码复用的情况。

## 2.1.4 JavaScript 注释

在 JavaScript 代码中，注释是一种很重要的技术，可以帮助开发者在代码中添加说明、解释、提醒和临时性的代码屏蔽。JavaScript 提供了两种注释形式：单行注释和多行注释。

### 1. 单行注释

单行注释以//开头，后面可以跟随注释内容。单行注释从//处开始到行尾结束，用于对代码进行简短的注解或说明（见图 2-4）。

```
// 这是一个单行注释，用于解释下面代码的作用
var x = 10; // 初始化变量 x
```

图 2-4

### 2. 多行注释

多行注释以/＊开始，以＊/结束，可用于跨越多行的注释内容。多行注释常用于对较大代码块进行注解或屏蔽（见图 2-5）。

```
/*
这是一个多行注释
可以跨越多行
用于对一段代码块进行说明或临时屏蔽
*/
var y = 20; // 初始化变量 y
```

图 2-5

### 3. 注释的作用

代码说明：注释可以帮助其他开发者理解代码的作用和意图。

调试辅助：在调试过程中，注释可以定位问题的原因。

代码屏蔽：可以暂时屏蔽一段代码，使其不被执行。

提醒和提示：可以用来提醒自己或其他开发者注意事项或需要优化的地方。

## 2.1.5 常用输入/输出语句

在 JavaScript 中，处理输入和输出通常是与用户进行交互的基础部分。以下是 JavaScript 中最常用的几种输入/输出方法的简要概述。

### 1. 输出语句

（1）console. log( )：这是最常用的输出调试信息的方法，它会将信息打印到浏览器的控制台（Console）中（见图 2-6）。这对于调试和开发非常有用。

```
console.log("Hello, world!");
```

图 2-6

（2）alert( )：这个函数会弹出一个警告框显示信息，用于向用户显示消息（见图 2-7）。

```
alert("Hello, user!");
```

图 2-7

（3）document. write( )：这个方法将内容写入 HTML 文档中，通常只在测试简单的 JavaScript 代码时使用，因为它会重写整个 HTML 文档（见图 2-8）。

```
document.write("This is some text");
```

图 2-8

2. 输入语句

（1）prompt( )：此方法用来显示一个对话框，提供用户输入字符串，并返回输入的内容。如果用户单击取消，则返回 null（见图 2-9）。

```
var userInput = prompt("Please enter your name:");
console.log(userInput);
```

图 2-9

（2）confirm( )：显示一个带有确定和取消按钮的对话框，用于询问用户的决定（确认或取消）（见图 2-10）。返回一个布尔值（如果用户单击"确定"按钮，则返回 true，单击"取消"按钮，则返回 false）。

```
var userConfirm = confirm("Are you sure?");
console.log(userConfirm);
```

图 2-10

视频讲解

# 2.2　常量与变量

每一种计算机语言都有自己的数据结构。在 JavaScript 中，常量和变量是数据结构的重要组成部分。本节将介绍常量和变量的概念以及变量的使用方法。

## 2.2.1　常量

常量是指在程序运行过程中保持不变的数据。例如，500 是数值型常量，"JavaScript 语言基础" 是字符串型常量，true 或 false 是布尔型常量，等等。在 JavaScript 脚本编程中可直接输入这些值。

## 2.2.2　变量

变量是指程序中已经命名的存储单元，主要作用是为数据操作提供存储信息的容器。变量是相对常量而言的。常量是一个不会改变的固定值，而变量的值可能会随着程序的执行而改变。变量有两个基本特征，即变量名和变量值。为了便于理解，可以把变量看作一个贴着标签的盒子，标签上的名字就是这个变量的名字（即变量名），而盒子里面的东西就相当于变量的值。下面介绍变量的命名、变量的声明、变量的赋值以及变量的类型。

## 2.2.3　变量的命名规范

### 1. 基本规则

大小写敏感：变量名区分大小写，例如，myVar 和 myvar 是两个不同的变量。

合法字符：变量名只能包含字母、数字、下划线（ _ ）和美元符号（ $ ），且不能以数字开头。

保留字：不能使用 JavaScript 的保留字（如 if、else、for 等）作为变量名。

### 2. 常见命名惯例

驼峰命名法：推荐使用驼峰命名法（camelCase），即第一个单词首字母小写，后续单词首字母大写，如 myVariableName。

描述性命名：变量名应尽量描述变量的用途或含义，避免使用无意义的名字（如 a、b 等），如 totalAmount、userAge。

简短但清晰：变量名应简短且有意义，避免过长的名称。例如，count 比 c 更好，但 totalItemCountInTheCart 可能过长。

### 3. JavaScript 保留字

JavaScript 保留字是指在 JavaScript 语言中有特定含义的，并成为 JavaScript 语法中一部分的那些字。JavaScript 关键字是不能作为变量名和函数名使用的，否则会使 JavaScript 在载入过程中出现语法错误。JavaScript 关键字如表 2-1 所示。

表 2-1

| await | break | case | catch | class |
|---|---|---|---|---|
| const | continue | debugger | default | delete |
| do | else | export | extends | finally |
| for | function | if | import | in |
| instanceof | let | new | return | super |
| switch | this | throw | try | typeof |
| var | void | while | with | yield |
| enum | implements | interface | package | private |
| protected | public | static | — | — |

## 2.2.4 ▌ 变量的声明

在 JavaScript 中，使用变量前需要先声明变量，所有的 JavaScript 变量都是由关键字 var 声明的，如图 2-11 所示。

```
<script type="text/javascript">
    var age
</script>
```

图 2-11

另外，还可以使用一个关键字 var 同时声明多个变量，如图 2-12 所示。

```
<script type="text/javascript">
    var name,age,gender
</script>
```

图 2-12

## 2.2.5 ▌ 变量的赋值

在声明变量的同时可以使用等号（=）对变量进行初始化赋值，如图 2-13 所示。

```
<script type="text/javascript">
    var name="张三丰"
</script>
```

图 2-13

在 JavaScript 中，可以先不声明而直接对变量进行赋值。例如，给一个未声明的变量赋值，然后输出这个变量的值，代码如图 2-14 所示。

```
<script type="text/javascript">
    str="JavaScript程序设计语言"
    console.log(str)
</script>
```

图 2-14

在 JavaScript 中，虽然可以给一个未声明的变量赋值，但是建议在使用变量前对其进行声明，因为声明变量的最大好处就是能及时发现代码中的错误。由于 JavaScript 是采用动态编译的，因此不易于发现代码中的错误，特别是变量命名方面的错误。

说明：

（1）如果只是声明了变量，并未对其赋值，则其值默认为 undefined。

（2）可使用 var 语句重复声明同一个变量，也可在重复声明变量时为该变量赋一个新值，如图 2-15 所示。

```
<script type="text/javascript">
    var a;//声明变量a
    var b="JavaScript网页特效";//声明变量b并初始化
    var b="JavaScript程序设计语言";//重复声明变量
    document.write(a),//输出变量a的值
    document.write("<br>");//输出换行标记
    document.write(b)//输出变量b的值
</script>
```

图 2-15

页面运行效果如图 2-16 所示。

undefined
JavaScript程序设计语言

图 2-16

【案例 2-1】 交换变量的值。

代码如图 2-17 所示。

```
 9     <script type="text/javascript">
10         var cup1="红酒";
11         var cup2="白酒";
12         var temp;
13         temp=cup1;
14         cup1=cup2;
15         cup2=temp;
16         document.write(cup1+"<br>");
17         document.write(cup2);
18     </script>
```

图 2-17

运行效果如图 2-18 所示。

← → C ⌂ ① 127.0.0.1:8020/第二章/交换变量的值.html?__hbt=1716887077170

白酒
红酒

图 2-18

初始状态：

cup1 ="红酒"

cup2 ="白酒"

交换过程：

temp 保存 cup1 的值。

cup1 获取 cup2 的值。

cup2 获取 temp 的值（即原来的 cup1 的值）。

最终状态：cup1 = "白酒"，cup2 = "红酒"。

通过临时变量 temp，我们成功地交换了两个变量的值。这种方法可以用于交换任意两个变量的值，确保在交换过程中不会丢失任何值。

# 2.3 数据类型

在计算机中，不同的数据所需占用的存储空间是不同的，为了便于把数据分成所需内存大小不同的数据，充分利用存储空间，于是定义了不同的数据类型。简单来说，数据类型就是数据的类别型号。比如姓名"小明"，年龄 18，这些数据的类型是不一样的。

视频讲解

JavaScript 的数据类型分为基本数据类型和复合数据类型。本节将详细介绍 JavaScript 的基本数据类型。复合数据类型中的对象、数组和函数等将在后面的章节中进行介绍。

## 2.3.1 基本数据类型

基本数据类型如表 2-2 所示。

表 2-2

| 类型 | 描述 | 示例 |
| --- | --- | --- |
| number | 表示整数和浮点数 | 42，3.14，−7 |
| string | 表示文本数据 | "hello"，' world' |

续表

| 类型 | 描述 | 示例 |
|---|---|---|
| boolean | 表示逻辑值 | true，false |
| undefined | 变量已声明但尚未赋值时的值 | undefined |
| null | 表示空值 | null |
| symbol | 表示独特且不可变的值（ES6 引入） | Symbol（'unique'） |
| bigInt | 表示任意精度的整数（ES11 引入） | 1234567890123456789012345678901234567890n |

### 1. 数值型

数值型（number）是 JavaScript 中最基本的数据类型。与其他程序设计语言（如 C 和 Java）中数值型不同的是，JavaScript 中的数值型并不区别整型数值和浮点型数值。在 JavaScript 中，所有的数值都是由浮点型表示的。JavaScript 采用 IEEE 754 标准定义的 64 位浮点格式表示数字，这意味着它能表示的最大值是 $+1.7976931348623157e+308$，最小值是 $5e-324$。代码如下：

```
var age = 21;            //整数
var Age = 21.3747;       //小数
```

1）数字型数据

（1）十进制：在 JavaScript 程序中，十进制的整数是一个由 0 ~ 9 的数字组成的数字序列，如 1、23、44、55、66、100 等。

（2）十六进制：JavaScript 不但能够处理十进制的整型数据，还能识别十六进制（以 16 为基数）的数据。十六进制的数据是以 0X 或 0x 开头，其后跟随十六进制的数字序列。十六进制的数字可以是 0 ~ 9 的某个数字，也可以是 a（A） ~ f（F）的某个字母，用来表示 0 ~ 15（包括 0 和 15）的某个值，如 0xff、0X123456、0xBCDE765。

（3）八进制：尽管 ECMAScript 标准不支持八进制数据，但是 JavaScript 的某些实现却允许采用八进制（以 8 为基数）的整型数据。八进制数据以数字 0 开头，其后跟随一个数字序列，这个序列中的每个数字的取值范围都为 0 ~ 7（包括 0 和 7），如 03、0576。

2）浮点型数据

浮点型数据可以具有小数点，其表示方法有两种：①传统记数法，是将一个浮点数分为整数部分小数点和小数部分，如果整数部分为 0，则可以省略整数部分，如 1.2、1.345；②科学计数法，是一种表示非常大或非常小的数字的方法。科学计数法使用"e"来表示 10 的幂。例如，1.23e5 表示 1.23 乘以 10 的 5 次方（即 123000）。

3）数字型的三个特殊值

Infinity：代表无穷大，且大于任何数值。

-Infinity：代表无穷小，且小于任何数值。

NaN：Not a number，代表一个非数值。

4）isNaN

其用来判断一个变量是否为非数字的类型，返回 true 或者 false。代码如图 2-19 所示。

```
var usrAge = 25;
var isNum = isNaN(usrAge);        //false    25不是一个非数字
console.log(isNum);
var usrName = "张";
console.log(isNaN(usrName));      //true    "张"是一个非数字
```

图 2-19

### 2. 字符串类型

字符串（string）是由 0 个或多个字符组成的序列，可以包含大小写字母、数字、标点符号或其他字符，也可以包含汉字。它是 JavaScript 用来表示文本的数据类型。程序中的字符串型数据是包含在单引号或双引号中的，由单引号定界的字符串中可以含有双引号，而由双引号定界的字符串中也可以含有单引号。代码如图 2-20 所示。

```
var strMsg = "我爱中国";          //使用双引号表示字符串
var strMsg2 = '我是一名大学生'      //使用单引号表示字符串
```

图 2-20

注意：包含字符串的引号必须匹配，如果字符串前面使用的是双引号，那么在字符串后面也必须使用双引号；使用单引号时亦如此。

有时候，字符串中使用的引号会产生匹配混乱的问题。例如：

"字符串是包含在单引号' 或双引号"中的"

对于这种情况，必须使用转义字符。JavaScript 中的转义字符以"\"开头，通过转义字符可以在字符串中添加不可显示的特殊字符，或者防止出现引号匹配混乱的问题。例如，字符串中的单引号可以使用\' 来代替，双引号可以使用\"来代替，上述一行代码可以写成如下形式：

"字符串是包含在单引号\' 或双引号\"中的"

（1）JavaScript 转义符。类似 HTML 里面的特殊字符，字符串中也有特殊字符，我们称之为转义符。

转义符都是以"\"开头的，常用的转义符及其说明如表 2-3 所示。

表 2-3

| 转义字符 | 描述 | 转义字符 | 描述 |
|---|---|---|---|
| \b | 退格 | \v | 垂直制表符 |
| \n | 换行符 | \r | Enter 符 |
| \t | 水平制表符,Tab 空格 | \ | 反斜杠 |
| \r | 换页 | \OOO | 八进制整数,范围为 00 ~ 777 |
| \' | 单引号 | \xHH | 十六进制整数,范围为 00 ~ FF |
| \" | 双引号 | \uhhh | 十六进制编码的 Unicode 字符 |

(2)字符串长度。字符串是由若干字符组成的,这些字符的数量就是字符串的长度。通过字符串的 length 属性可以获取整个字符串的长度。代码如图 2-21 所示。

```
var strMsg = "abcdefghijklmn";
alert(strMsg.length); // 显示 14
```

图 2-21

(3)字符串拼接。多个字符串之间可以使用 + 进行拼接,其拼接方式为字符串 + 任何类型 = 拼接之后的新字符串。拼接前会把与字符串相加的任何类型转成字符串,再拼接成一个新的字符串。代码如图 2-22 所示。

```
// 字符串 "相加"
alert('hello' + ' ' + 'world'); // hello world
// 数值字符串 "相加"
alert('100' + '100'); // 100100
// 数值字符串 + 数值
alert('11' + 12);     // 1112
```

图 2-22

### 3. 布尔型

数值数据类型和字符串数据类型的值都无穷多,但是布尔数据类型只有两个值,即 true(真)和 false(假)。它说明了某个事物是真还是假。

布尔值通常在 JavaScript 程序中用来表示比较所得到的结果。例如:

n = =10

上述代码测试了变量 n 的值是否和数值 10 相等。如果相等,则比较的结果是布尔值 true;否则结果是 false。

布尔值通常用于 JavaScript 的控制结构。例如, JavaScript 的 if... else 语句就是在布尔值为 true 时执行一个动作，而在布尔值为 false 时执行另一个动作。通常将创建的一个布尔值与条件语句结合在一起使用。

**4. 特殊数据类型**

JavaScript 有两个特殊数据类型，即未定义值和空值。

（1）未定义值（undefined）表示变量还没有被赋值（如 var age;）。

（2）JavaScript 中的关键字 null 是一个特殊的值，表示空值，用于定义空的或不存在的引用。这里必须要注意的是，null 不等同于空的字符串（""）或 0。当使用对象进行编程时可能会用到这个值。由此可见，null 与 undefined 的区别是，null 表示一个变量被赋予了一个空值，而 undefined 则表示该变量尚未被赋值。

**5. 获取变量数据类型**

获取检测变量的数据类型 typeof 可用来获取检测变量的数据类型。代码如图 2-23 所示。

```
var age = 25;
console.log(typeof age) // 结果 number
```

图 2-23

数据类型、示例及结果如表 2-4 所示。

表 2-4

| 类型 | 示例 | 结果 |
| --- | --- | --- |
| string | typeof "小白" | "string" |
| number | typeof 18 | "number" |
| boolean | typeof true | "boolean" |
| undefined | typeof undefined | "undefined" |
| null | typeof null | "object" |

**6. 数据类型转换**

使用函数 prompt 获取的数据默认是字符串类型的，此时就不能直接简单地进行加法运算，而需要转换变量的数据类型。通俗来说，就是把一种数据类型的变量转换成另一种数据类型，通常会实现 3 种方式的转换：转换为字符串类型、转换为数字型、转换为布尔型。

1）转换为字符串

使用 String() 函数，代码如图 2-24 所示。

```
10  <script type="text/javascript">
11      String(123); // "123"
12      String(true); // "true"
13  </script>
```

图 2-24

使用 toString( ) 方法，代码如图 2-25 所示。

```
10   <script type="text/javascript">
11       (123).toString(); // "123"
12       true.toString(); // "true"
13   </script>
```

图 2-25

2）转换为数字

使用 Number( ) 函数，代码如图 2-26 所示。

```
10   <script type="text/javascript">
11       Number("123"); // 123
12       Number("123.45"); // 123.45
13       Number("abc"); // NaN (Not a Number)
14   </script>
```

图 2-26

使用 parseInt( ) 和 parseFloat( ) 函数，代码如图 2-27 所示。

```
10   <script type="text/javascript">
11       parseInt("123"); // 123
12       parseInt("123.45"); // 123
13       parseFloat("123.45"); // 123.45
14   </script>
```

图 2-27

3）转换为布尔型

使用 Boolean( ) 函数，代码如图 2-28 所示。

```
10   <script type="text/javascript">
11       Boolean(1); // true
12       Boolean(0); // false
13       Boolean("hello"); // true
14       Boolean(""); // false
15   </script>
```

图 2-28

4）类型转换注意事项

类型转换注意事项如表 2-5 所示。

表 2-5

| 原始值 | String( ) 转换 | Number( ) 转换 | Boolean( ) 转换 |
|---|---|---|---|
| 123 | "123" | 123 | true |
| "123" | "123" | 123 | true |

续表

| 原始值 | String() 转换 | Number() 转换 | Boolean() 转换 |
|---|---|---|---|
| true | "true" | 1 | true |
| false | "false" | 0 | false |
| null | "null" | 0 | false |
| undefined | "undefined" | NaN | false |
| "" | "" | 0 | false |
| "123abc" | "123abc" | NaN | true |

# 2.4　运算符

运算符也称为操作符，是指完成一系列操作的符号。运算符用于对一个或几个值进行计算而生成一个新的值，进行计算的值称为操作数，操作数可以是常量或变量。

JavaScript 的运算符按操作数的个数可以分为单目运算符、双目运算符和三目运算符；按运算符的功能可以分为算术运算符、字符串运算符、比较运算符、赋值运算符、逻辑运算符、条件运算符和其他运算符。运算符还有明确的优先级与结合性。

## 2.4.1 算数运算符

算数运算符是指算术运算使用的符号，用于执行两个变量或值的算术运算，如表 2-6 所示。

视频讲解

表 2-6

| 运算符 | 描述 | 示例 | 结果 | 解释 |
|---|---|---|---|---|
| + | 加法 | 5 + 3 | 8 | 数值相加 |
| − | 减法 | 5 − 3 | 2 | 数值相减 |
| * | 乘法 | 5 * 3 | 15 | 数值相乘 |
| / | 除法 | 5 / 2 | 2.5 | 数值相除 |
| % | 取余（模运算） | 5 % 2 | 1 | 求余数 |
| ++ | 递增 | var a = 5；a++ | 6 | 先返回值，后自增 |
| −− | 递减 | var a = 5；a−− | 4 | 先返回值，后自减 |
| ++ | 前置递增 | var a = 5；++a | 6 | 先自增，后返回值 |
| −− | 前置递减 | var a = 5；−−a | 4 | 先自减，后返回值 |

**1. 浮点数的精度问题**

浮点数值的最高精度是 17 位小数，但在进行算术计算时其精确度远远不如整数，如图 2-29 所示。

```
10  <script type="text/javascript">
11      var result = 0.1 + 0.2; // 结果不是 0.3，而是：0.30000000000000004
12      console.log(result)
13      console.log(0.07 * 100);   // 结果不是 7，而是：7.000000000000001
14  </script>
```

图 2-29

**2. JavaScript 除法运算中的零除问题**

在使用 "/" 运算符进行除法运算时，如果被除数不是 0，除数是 0，则得到的结果为 Infinity；如果被除数和除数都是 0，则得到的结果为 NaN。

## 2.4.2 递增和递减运算符

如果需要反复给数字变量添加或减去 1，可以使用递增（++）和递减（--）运算符来完成。

在 JavaScript 中，递增（++）和递减（--）既可以放在变量前面，也可以放在变量后面。放在变量前面时，称之为前置递增（递减）运算符；放在变量后面时，称之为后置递增（递减）运算符。

**1. 前置递增运算符**

++num 前置递增，就是自加 1，类似于 num = num + 1，但是 ++num 写起来更简单，如图 2-30 所示。

使用口诀：先自加，后返回值。

```
10  <script type="text/javascript">
11      var  num = 100;
12      alert(++num + 10);   // 111
13  </script>
```

图 2-30

**2. 后置递增运算符**

num++ 后置递增，就是自加 1，类似于 num = num + 1，但是 num++ 写起来更简单，如图 2-31 所示。

使用口诀：先返回原值，后自加。

```
10  <script type="text/javascript">
11      var  num = 100;
12      alert( 10+num++);   // 110
13  </script>
```

图 2-31

## 2.4.3 | 比较运算符

比较运算符的基本操作过程：首先对操作数进行比较，操作数可以是数字或字符串，然后返回一个布尔值（true 或 false）。比较运算符的符号、描述、示例及结果如表2-7 所示；代码如图 2-32 所示。

表 2-7

| 运算符 | 描述 | 示例 | 结果 |
|---|---|---|---|
| = = | 相等（值相等，类型转换） | 5 = = ' 5' | true |
| = = = | 全等（值和类型都相等） | 5 = = = ' 5' | false |
| ！= | 不相等（值不相等,类型转换） | 5！= ' 5' | false |
| ！= = | 不全等（值或类型不相等） | 5！= = ' 5' | true |
| > | 大于 | 5 > 3 | true |
| < | 小于 | 5 < 3 | false |
| >= | 大于或等于 | 5>= 5 | true |
| <= | 小于或等于 | 5 <= 3 | false |

```
10    <script type="text/javascript">
11        // 声明两个变量
12        var a = 10;
13        var b = 20;
14        // 相等运算符 ==
15        console.log(a == b); // false
16        console.log(a == 10); // true
17        // 全等运算符 ===
18        console.log(a === b); // false
19        console.log(a === 10); // true
20        console.log(a === "10"); // false (不同类型)
21        // 不相等运算符 !=
22        console.log(a != b); // true
23        console.log(a != 10); // false
24        // 不全等运算符 !==
25        console.log(a !== b); // true
26        console.log(a !== 10); // false
27        console.log(a !== "10"); // true (不同类型)
28        // 大于运算符 >
29        console.log(a > b); // false
30        console.log(b > a); // true
31        // 小于运算符 <
32        console.log(a < b); // true
33        console.log(b < a); // false
34        // 大于或等于运算符 >=
35        console.log(a >= b); // false
36        console.log(a >= 10); // true
37        // 小于或等于运算符 <=
38        console.log(a <= b); // true
39        console.log(b <= 10); // false
40    </script>
```

图 2-32

## 2.4.4 ▎逻辑运算符

逻辑运算符是用来进行布尔值运算的运算符,其返回值也是布尔值。逻辑运算符的符号、描述、示例、结果及解释如表 2-8 所示。

视频讲解

表 2-8

| 运算符 | 描述 | 示例 | 结果 | 解释 |
|---|---|---|---|---|
| && | 逻辑与(AND) | true && false | false | 当且仅当两个操作数都为真时,结果为真 |
| \|\| | 逻辑或(OR) | true \|\| false | true | 当至少一个操作数为真时,结果为真 |
| ! | 逻辑非(NOT) | ! true | false | 操作数为真则结果为假,操作数为假则结果为真 |

(1)逻辑与运算符(&&)的代码如图 2-33 所示。

```
var a = true;
var b = false;
console.log(a && b); // false
console.log(a && true); // true
console.log(a && a); // true
```

图 2-33

(2)逻辑或运算符(||)的代码如图 2-34 所示。

```
var a = true;
var b = false;
console.log(a || b); // true
console.log(b || false); // false
console.log(b || a); // true
```

图 2-34

(3)逻辑非运算符(!)的代码如图 2-35 所示。

```
var a = true;
var b = false;
console.log(!a); // false
console.log(!b); // true
```

图 2-35

## 2.4.5 ▌ 赋值运算符

JavaScript 中的赋值运算可以分为简单赋值运算和复合赋值运算。简单赋值运算是将赋值运算符（=）右边表达式的值保存到左边的变量中，而复合赋值运算混合了其他操作（如算术运算操作）和赋值操作。赋值运算符的符号、描述及示例如表 2-9 所示，代码如图 2-36 所示。

表 2-9

| 运算符 | 描述 | 示例 |
|---|---|---|
| = | 将右边表达式的值赋给左边的变量 | userName ="Tony!" |
| += | 将运算符左边的变量加上右边表达式的值赋给左边的变量 | a+=b　//相当于 a=a+b |
| -= | 将运算符左边的变量减去右边表达式的值赋给左边的变量 | a-=b　//相当于 a=a-b |
| *= | 将运算符左边的变量乘以右边表达式的值赋给左边的变量 | a*=b　//相当于 a=a*b |
| /= | 将运算符左边的变量除以右边表达式的值赋给左边的变量 | a/=b　//相当于 a=a/b |
| %= | 将运算符左边的变量用右边表达式的值求模，并将结果赋给左边的变量 | a%=b　//相当于 a=a%b |

```
// 简单赋值
var x = 10;
console.log(x); // 10
// 加法赋值
x += 5;
console.log(x); // 15
// 减法赋值
x -= 5;
console.log(x); // 10
// 乘法赋值
x *= 2;
console.log(x); // 20
// 除法赋值
x /= 2;
console.log(x); // 10
// 求余赋值
x %= 3;
console.log(x); // 1
```

图 2-36

## 2.4.6 ▌ 运算符的优先级

JavaScript 中的运算符都有明确的优先级与结合性。优先级较高的运算符将先于优先级较低的运算符进行运算。运算符的优先级、运算级及顺序如表 2-10 所示。

表 2-10

| 优先级 | 运算级 | 顺序 |
|---|---|---|
| 1 | 小括号 | （、） |
| 2 | 一元运算符 | ++、—— |
| 3 | 算数运算符 | 先 *、% 后+、– |
| 4 | 关系运算符 | >、>=、<、<= |
| 5 | 相等运算符 | =、!= |
| 6 | 逻辑运算符 | 先 && 后 ‖ |
| 7 | 赋值运算符 | = |
| 8 | 逗号运算符 | , |

# 2.5 流程控制语句

在程序执行的过程中,各条代码的执行顺序对程序的结果是有直接影响的。程序通过控制代码的执行顺序来实现我们要完成的功能。

在 JavaScript 中,提供了 if 条件判断语句、switch 多路分支语句、while 循环语句、do... while 循环语句、for 循环语句、break 语句和 continue 语句等流程控制语句,本节将分别对它们进行介绍。

## 2.5.1 顺序流程控制

顺序流程控制是一种基本的程序控制结构,指程序运行时按照代码的书写顺序,从上到下、从左到右依次执行每一条语句,如图 2-37 所示。各个语句之间没有特殊的跳转和分支,代码执行的路径是线性的、单一路径的,即每一条语句都会被执行一次且仅执行一次,直到程序结束或遇到其他控制结构(如条件语句、循环语句等)。

顺序流程控制的特点如下。

线性执行:代码按照编写顺序逐行执行,不会跳跃到其他位置,除非遇到函数调用或异常等特定情况。

一贯性:每条语句的执行都是确定的,前后关系紧密,一步步向下执行。没有条件判断和循环等复杂情况。

易读易懂:这种程序控制结构最为直观,代码逻辑简单清晰,因此便于编写和理解。初学者通常从顺序结构开始学习编程。

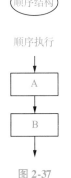

图 2-37

## 2.5.2 分支流程控制

分支流程控制语句是一种通过条件判断来改变程序执行路径的结构。这类语句根据条件的真假性,选择执行不同的代码分支来实现复杂的逻辑控制。分支流程控制语句主要包括 if 语句和 switch 语句。

视频讲解

**1. 简单 if 语句**

if 语句是最基本、最常用的流程控制语句,可以根据条件表达式的值执行相应的处理。代码如图 2-38 所示。

```
if (condition) {
  // 当 condition 为 true 时执行的代码块
}
```

图 2-38

上述代码中,condition 是一个布尔表达式。如果该表达式的值为 true,则执行大括号 {} 中的代码块;否则跳过。执行过程如图 2-39 所示,示例代码如图 2-40 所示。

```
var age = 18;
if (age >= 18) {
  console.log('你是成年人');
}
```

图 2-39　　　　　　　　　　　　　图 2-40

例如,比较两个变量的值,根据结果判断输出内容,代码如图 2-41 所示。

```
1    <script>
2        var a = 20;//定义变量a,值为20
3        var b = 10;//定义变量b,值为10
4        //判断变量a的值是否大于变量a的值
5        if(a > b){
6            alert("a大于b");    //输出"a大于b"
7        }
8        if(a < b){//判断变量a的值是否小于变量b的值
9            alert("a小于b");    //输出"a小于b"
10       }
11   </script>
```

图 2-41

运行结果如图 2-42 所示。

图 2-42

注意：在 if 语句的条件表达式中，要判断两个操作数是否相等，应使用比较运算符"＝＝"，而不能使用"＝"。例如，图 2-43 所示的代码就是错误的。

```
10    <script type="text/javascript">
11        // 声明两个变量
12        var a = 10;
13        var b = 20;
14        if(a=b){
15            alert("a和b相等")
16        }
17    </script>
```

图 2-43

### 2. if…else 语句

if…else 语句是 if 语句的标准形式，在简单 if 语句的基础之上增加了一个 else 从句。当 condition 的值是 false 时，执行 else 从句中的内容。

if…else 语句的语法格式如图 2-44 所示；执行流程如图 2-45 所示。

```
if (condition) {
  // 当 condition 为 true 时执行的代码块
} else {
  // 当 condition 为 false 时执行的代码块
}
```

图 2-44

图 2-45

示例代码如图 2-46 所示。

```
10   <script type="text/javascript">
11       var age=16;
12       if (age>18) {
13           alert("你是成年人")
14       } else{
15           alert("你是未成年人")
16       }
17   </script>
```

图 2-46

运行结果如图 2-47 所示。

图 2-47

【案例 2-2】判断 2024 年有多少天。

代码如图 2-48 所示。

```
8    </body>
9    <script type="text/javascript">
10       var year = 2024;
11       if ((year % 4 === 0 && year % 100 !== 0) || (year % 400 === 0)) {
12           console.log(year + ' has 366 days');
13       } else {
14           console.log(year + ' has 365 days');
15       }
16   </script>
```

图 2-48

运行结果如图 2-49 所示。

图 2-49

（1）定义年份变量。定义年份变量 year 并赋值为 2024，使用"var year =2024;"。

（2）闰年判断。第一种情况：如果能被 4 整除且不能被 100 整除，或者能被 400 整除，则该年是闰年。满足条件时，执行 if 块内的代码，输出"［年份］ has 366 days"。

第二种情况：如果 year 不满足上述条件，则该年不是闰年，则执行 else 块内的代码，输出"［年份］ has 365 days"。

3. if…else if…else 语句

if 语句是一种很灵活的语句，除了可以使用 if…else 语句形式，还可以使用 if…else

if…else 语句形式。if…else if…else 语句的语法格式如图 2-50 所示；执行流程如图 2-51 所示。

```
if (condition1) {
  // 当 condition1 为 true 时执行的代码块
} else if (condition2) {
  // 当 condition1 为 false, 且 condition2 为 true 时执行的代码块
} else {
  // 上述条件都为 false 时执行的代码块
}
```

图 2-50

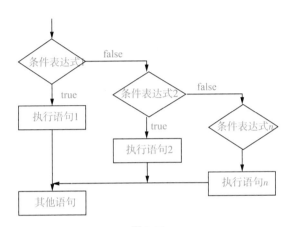

图 2-51

【案例 2-3】判断成绩等级。

假设成绩等级是基于百分制的，并且等级划分如下：

90 ~ 100 分为 A；

80 ~ 89 分为 B；

70 ~ 79 分为 C；

60 ~ 69 分为 D；

0 ~ 59 分为 F。

代码如图 2-52 所示。

```
9    <script type="text/javascript">
10       var score = 85; // 示例分数
11       if (score >= 90 && score <= 100) {
12         console.log('Grade: A');
13       } else if (score >= 80 && score < 90) {
14         console.log('Grade: B');
15       } else if (score >= 70 && score < 80) {
16         console.log('Grade: C');
17       } else if (score >= 60 && score < 70) {
18         console.log('Grade: D');
19       } else if (score >= 0 && score < 60) {
20         console.log('Grade: F');
21       } else {
22         console.log('Invalid score');
23       }
24    </script>
```

图 2-52

运行结果如图 2-53 所示。

图 2-53

定义分数变量:

使用 var score = 85;定义分数变量 score 并赋值为 85。

判断分数等级:

第一种情况:如果 score 在 90～100(包括 90 和 100),输出"Grade:A"。

第二种情况:如果 score 在 80～89,输出"Grade:B"。

第三种情况:如果 score 在 70～79,输出"Grade:C"。

第四种情况:如果 score 在 60～69,输出"Grade:D"。

第五种情况:如果 score 在 0～59,输出"Grade:F"。

其他情况:如果 score 不在 0～100,输出"Invalid score"。

**4. if 嵌套**

if 语句不但可以单独使用,还可以嵌套使用,即在 if 语句的从句部分嵌套另一个完整的 if 语句。在嵌套使用 if 语句时,外层 if 语句从句部分的花括号"{}"可以省略。但建议读者使用花括号来确定层次关系。这是因为使用花括号的位置不同,可能导致程序代码的含义完全不同,从而输出不同的内容。

【案例 2-4】判断是否已经退休。

假设某工种的男职工 60 岁退休,女职工 55 岁退休,应用 if 语句的嵌套来判断一个职工是否已经退休。

代码如图 2-54 所示。

```
9   <script type="text/javascript">
10    // 获取用户输入的年龄和性别
11    var age = parseInt(prompt("请输入年龄: "));
12    var gender = prompt("请输入性别 (male 或 female): ").toLowerCase()
13    if (gender === 'female') {
14      if (age >= 55) {
15        console.log('已退休');
16      } else {
17        console.log('未退休');
18      }
19    } else if (gender === 'male') {
20      if (age >= 60) {
21        console.log('已退休');
22      } else {
23        console.log('未退休');
24      }
25    } else {
26      console.log('性别信息无效');
27    }
28  </script>
```

图 2-54

运行结果如图 2-55 所示。

图 2-55

代码说明：

（1）获取用户输入。

使用 prompt（）函数获取用户输入的年龄，并使用 parseInt（）方法将其转换为整数。

使用 prompt（）函数获取用户输入的性别，并使用 toLowerCase（）方法将其转换为小写。

（2）嵌套 if 语句进行判断。

第一层判断性别：

如果 gender 等于'female'，则进入嵌套的 if 语句进行年龄判断：如果 age 大于或等于55，则输出"已退休"；否则，输出"未退休"。

如果 gender 等于'male'，则进入嵌套的 if 语句进行年龄判断：如果 age 大于或等于60，则输出"已退休"；否则，输出"未退休"。

如果 gender 既不是'female'也不是'male'，则输出"性别信息无效"。

**5. switch 语句**

switch 语句是典型的多分支语句，其作用与 if…else if…else 语句基本相同。switch 语句比 if 语句更具有可读性，而且允许在找不到匹配条件的情况下执行默认的一组语句。switch 语句的语法格式如图 2-56 所示。

```
switch (expression) {
  case value1:
    // 当 expression === value1 时执行的代码
    break;
  case value2:
    // 当 expression === value2 时执行的代码
    break;
  // 其他 case 语句...
  default:
    // 当 expression 不等于任何已有的 case 时执行的代码
}
```

图 2-56

上述代码中,expression 是要被匹配的表达式;case:每个 case 之后跟随一个值,表示当 expression 与之相等时,执行该 case 下的代码;break:用于退出 switch 语句,如果没有 break,则会"贯穿"执行后面的 case 代码(称为"贯穿效应",fall-through);default(可选):当 expression 的值不匹配任何一个 case 时执行。

注意:执行 case 里面的语句时,如果没有 break,则继续执行下一个 case 里面的语句。

【案例 2-5】输出奖项等级及奖品。

抽到的号码及其对应的奖项级别和将某公司年会举行抽奖活动奖品设置如下:

1 代表"一等奖",奖品是"华为 P70 手机";

2 代表"二等奖",奖品是"小米手机";

3 代表"三等奖",奖品是"格力微波炉";

其他号码代表"安慰奖",奖品是"蓝牙耳机"。

代码如图 2-57 所示。

```javascript
9    <script type="text/javascript">
10       // 获取用户输入的号码
11       var number = parseInt(prompt("请输入抽到的号码: "));
12       // 根据号码判断奖项级别和奖品
13       var prize;
14       switch (number) {
15         case 1:
16           prize = "一等奖, 奖品是华为P70手机";
17           break;
18         case 2:
19           prize = "二等奖, 奖品是小米手机";
20           break;
21         case 3:
22           prize = "三等奖, 奖品是格力微波炉";
23           break;
24         default:
25           prize = "安慰奖, 奖品是蓝牙耳机";
26           break;
27       }
28       alert("您抽到的号码是" + number + ", 获得" + prize);
29    </script>
```

图 2-57

运行结果如图 2-58 所示。

图 2-58

代码说明:

(1)获取用户输入的号码。使用 prompt( )函数获取用户输入的号码,并使用 parseInt

( )函数将其转换为整数。

（2）使用 switch 语句判断奖项级别和奖品。根据用户输入的号码,使用 switch 语句进行判断:

如果号码是 1,则奖品是"华为 P70 手机",对应"一等奖";

如果号码是 2,则奖品是"小米手机",对应"二等奖";

如果号码是 3,则奖品是"格力微波炉",对应"三等奖";

其他号码则对应"安慰奖",奖品是"蓝牙耳机"。

**6. switch 语句和 if…else if…else 语句的区别**

一般情况下,两个语句可以相互替换。

switch 语句通常处理 case 为比较确定值的情况,而 if…else if…else 语句更加灵活,常用于范围判断(大于、等于某个范围)。

switch 语句进行条件判断后直接执行到程序的条件语句,效率更高。而 if…else 语句有几种条件,就得判断多少次。

当分支比较少时,if…else 语句的执行效率比 switch 语句高。

当分支比较多时,switch 语句的执行效率比较高,而且结构更清晰。

## 2.5.3 循环控制结构

JavaScript 循环控制结构是用于执行重复任务的编程技术。循环结构可以简化代码,避免重复书写相似的代码段。JavaScript 有几种主要的循环控制结构,包括 for 循环、while 循环和 do…while 循环。

视频讲解

**1. for 循环语句**

for 循环是 JavaScript 中最常用的循环结构之一,适合用于已知循环次数的情况。其语法格式如图 2-59 所示。

```
for (initialization; condition; increment) {
    // 循环体
}
```

图 2-59

代码说明:

initialization:初始化语句,在循环开始前执行一次。

condition:每次循环前都会检查的条件表达式。如果条件为真,执行循环体;如果为假,结束循环。

increment:每次循环后执行的语句,通常用于更新循环变量。

【案例 2-6】求 100 以内的偶数和。

代码如图 2-60 所示。

```
 9    <script type="text/javascript">
10        var sum = 0;
11        for (var i = 2; i <= 100; i += 2) {
12            sum += i;
13        }
14        alert("100以内所有偶数的和为: " + sum);
15    </script>
```

图 2-60

运行结果如图 2-61 所示。

127.0.0.1:8020 显示

100以内所有偶数的和为: 2550

确定

图 2-61

代码说明:

for 循环语句执行的过程是,先执行初始化语句;然后判断循环条件,如果循环条件的结果为 true,则执行一次循环体,否则直接退出循环;最后执行迭代语句,改变循环变量的值,至此完成一次循环。接下来将进行下一次循环,直到循环条件的结果为 false,才结束循环。

**2. 循环语句的嵌套**

在一个循环语句的循环体中也可以包含其他循环语句,这被称为循环语句的嵌套。前述 3 种循环语句(while 循环语句、do…while 循环语句和 for 循环语句)都是可以互相嵌套的。

如果循环语句 A 的循环体中包含循环语句 B,而循环语句 B 中不包含其他循环语句,那么就把循环语句 A 称为外层循环,而把循环语句 B 称为内层循环。

【案例 2-7】输出 99 乘法表。

代码如图 2-62 所示。

```
 9    <script>
10        var str = '';
11        for (var i = 1; i <= 9; i++) { // 外层循环控制行数
12            for (var j = 1; j <= i; j++) { // 里层循环控制每一行的个数 j <= i
13                str += j + 'x' + i + '=' + i * j + '\t'; // 构建乘法表达式并添加到str
14            }
15            str += '\n'; // 每行结束后添加换行符
16        }
17        console.log(str);
18    </script>
```

图 2-62

运行结果如图 2-63 所示。

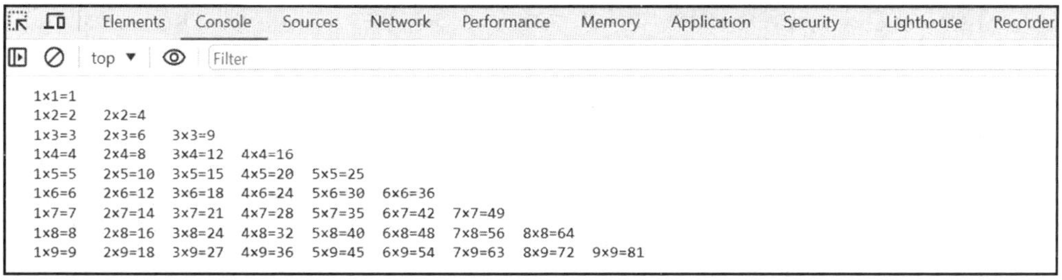

图 2-63

代码说明：

初始化字符串( var str ="; ) :定义一个空字符串 str,用于存储最终输出的乘法表。

外层循环( for( var i = 1; i <= 9; i++)) :变量 i 表示乘法表的行数,从 1~9 循环。

内层循环( for( var j = 1; j <= i; j++)) :变量 j 表示每行中的乘数,循环范围为 1~i。

构建乘法表达式( str += j + ' × ' + i + ' = ' + i * j + ' \t ') :使用字符串连接构建乘法表达式。\t 用于在表达式之间添加制表符,使表格输出对齐。

换行( str += ' \n ' ; ) :每行结束后,添加一个换行符\n。

打印结果( console. log( str) ; ) :最后打印构建的乘法表字符串。

【案例 2-8】打印等边三角形。

代码如图 2-64 所示。

```
9   <script type="text/javascript">
10      var height = 9; // 定义三角形的高度，例如9行
11      for (var i = 1; i <= height; i++) {
12          // 打印空格
13          var str = "";
14          for (var j = 1; j <= height - i; j++) {
15              str += " ";
16          }
17          // 打印星号
18          for (var k = 1; k <= 2 * i - 1; k++) {
19              str += "♠";
20          }
21          // 打印当前行的结果
22          console.log(str);
23      }
24  </script>
```

图 2-64

运行结果如图 2-65 所示。

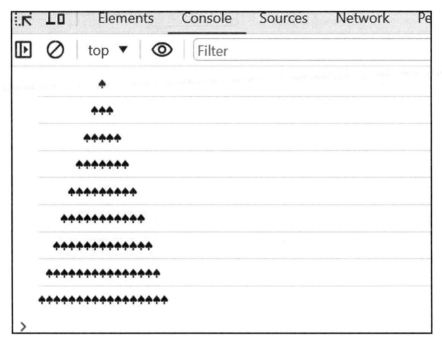

图 2-65

代码说明：

定义高度(var height = 9;)：定义等边三角形的高度,即总行数。

外层循环(for( var i = 1; i <= height; i++))：变量 i 表示当前行号,从 1 到 height 循环。

打印空格：初始化一个空字符串 str。

内层循环 (for( var j = 1; j <= height − i; j++))：添加空格使星号居中对齐。每行前面需要添加 height − i 个空格。例如,当 height 为 5 时,第一行添加 4 个空格,第二行添加 3 个,依此类推。

打印符号：

内层循环 (for( var k = 1; k <= 2 * i − 1; k++))：每行打印 2 * i − 1 个星号。例如,第一行打印 1 个星号,第二行打印 3 个,依此类推。

打印当前行的结果(console. log(str);)：打印构建好的每一行。

【案例 2-9】鸡兔同笼。

有若干只鸡、兔同在一个笼子里,从上面数有 35 个头,从下面数,有 94 只脚。使用 for 语句计算鸡的数量和兔的数量。

代码如图 2-66 所示。

```
 9    <script type="text/javascript">
10        for (var chickens = 0; chickens <= 35; chickens++) {
11            for (var rabbits = 0; rabbits <= 35; rabbits++) {
12                if (chickens + rabbits === 35 && // 头的总数是35
13                    2 * chickens + 4 * rabbits === 94) { // 脚的总数是94
14                    console.log("鸡的数量: " + chickens);
15                    console.log("兔的数量: " + rabbits);
16                    // 找到答案后跳出循环
17                    break;
18                }
19            }
20        // 当找到答案时跳出外层循环
21            if (chickens + rabbits === 35 && 2 * chickens + 4 * rabbits === 94) {
22                break;
23            }
24        }
25    </script>
```

图 2-66

运行结果如图 2-67 所示。

Elements　Console　Sources　Network　Performance　Memory　Application　Security

top ▼ | Filter

鸡的数量: 23

兔的数量: 12

图 2-67

代码说明：

外层 for 循环遍历可能的鸡的数量（从 0 ~ 35）。

内层 for 循环遍历可能的兔的数量（从 0 ~ 35）。

对于每一种组合，检查头的总数是否为 35，脚的总数是否为 94。

如果找到满足条件的组合，打印出鸡和兔的数量，并使用 break 语句跳出内层循环。

检查是否找到了满足条件的数量组合，如果找到了，使用 break 语句跳出外层循环以停止进一步的循环。

**3. while 循环语句**

while 循环语句可以实现循环操作，也称为前测试循环语句，即利用一个先期条件来控制是否要重复执行循环体。while 循环语句与 for 循环语句相比，无论是语法还是执行的流程，都较为简明易懂。while 循环语句的语法格式如图 2-68 所示。

```
while (condition) {
   // 循环体
}
```

图 2-68

代码说明：

condition：条件表达式，每次循环前检查。如果为真，则执行循环体；如果为假，则退出循环。

while 循环语句之所以被称为前测试循环语句，是因为它要先判断循环条件是否成立，然后进行重复执行的操作。也就是说，while 循环语句执行的过程是先判断条件表达式，如果条件表达式的值为 true，则执行循环体，并且在循环体执行完毕后进入下一次循环，否则退出循环。

while 循环语句经常在循环执行的次数不确定的情况下使用。

注意：在使用 while 语句时，一定要保证循环可以正常结束，即必须保证条件表达式的值存在 false 的情况，否则将形成死循环。例如，图 2-69 所示的循环语句就会造成死循环，原因是 i 永远都小于 100。

```
var i=1;
while(i<=100){
    alert(i);  //输出i的值
}
```

图 2-69

【案例 2-10】计算完成 10000 m 长跑需跑几圈。

运动员参加 10000 m 比赛，已知标准的体育场跑道一圈是 400 m，应用 while 语句计算出在标准的体育场跑道上完成比赛需要跑的完整的圈数。

```
 9    <script type="text/javascript">
10        var total = 10000; // 总共需要跑的距离，单位：米
11        var lap = 400; // 每圈的距离，单位：米
12        var laps = 0; // 已完成的圈数
13
14        while (total >= lap) {
15            total -= lap; // 跑完一圈，减少400米
16            laps++; // 圈数增加1
17        }
18
19        console.log("运动员需要跑 " + laps + " 个完整的圈数。");
20    </script>
```

图 2-70

代码说明：

定义变量。total = 10000，表示运动员需要跑的总距离 10000 m；lap = 400，表示标准体育场跑道一圈的距离 400 m；laps = 0，用于记录已经跑完的完整圈数，初始值为 0。

while 循环：条件 total >= lap 表示只要剩余距离大于或等于一圈的距离，就继续循环。

在每次循环中:total -= lap 表示减少一圈的距离(400 m);laps++表示完整圈数增加1。

输出结果:使用 console. log( )打印已跑完整的圈数。

### 4. do…while 循环语句

do…while 循环语句也称为后测试循环语句,它也是利用一个条件来控制是否要重复执行循环体。与 while 循环语句不同的是,do…while 循环语句先执行一次循环体,然后判断条件,确定是否继续执行。

do…while 循环语句的语法格式如图2-71 所示。

```
do {
  // 循环体
} while (condition);
```

图 2-71

代码说明:

condition:条件表达式,在每次循环体执行后检查。如果为真,则继续执行循环体;如果为假,则终止循环,do…while 循环语句中的循环体至少要被执行一次。

【案例 2-11】计算用户输入的数字之和,直到用户输入的数字为 0 为止。

代码如图 2-72 所示。

```
9   <script type="text/javascript">
10      var sum = 0; // 总和初始值
11      var input;
12      do {
13          input = parseInt(prompt("请输入一个数字（输入0结束)"), 10); // 提示用户
14          sum += input; // 将输入的数字加到总和中
15      } while (input !== 0);
16      console.log("输入的数字之和为 " + sum);
17  </script>
```

图 2-72

代码说明:

定义变量:sum = 0,用于存储数字的总和,初始值为 0;input,用于存储用户输入的数字。

do…while 循环:先执行一次循环体内的代码(即 do 代码块)。input = parseInt(prompt("请输入一个数字(输入 0 结束)"), 10):提示用户输入一个数字,并将其转换为整数;sum += input:将输入的数字加到总和中;while(input ! == 0):条件判断语句,只要输入的数字不等于0,就继续循环。

输出结果:使用 console. log( )打印输入的数字之和。

【案例 2-12】计算员工工资。

输出员工每一年的工资,某企业正式员工的工作时间每增加一年,工龄工资增加 50 元。假设该企业的某员工已经工作了 5 年,他的基本工资为 3000 元,应用 do...while 语句计算并输出该员工每一年的实际工资情况。

代码如图 2-73 所示。

```
 9   <script type="text/javascript">
10       var baseSalary = 3000; // 基本工资
11       var years = 5; // 已经工作的年数
12       var increment = 50; // 每年增加的工龄工资
13       var year = 1; // 当前年份,从第1年开始
14
15       do {
16           var salary = baseSalary + (year * increment); // 实际工资计算
17           console.log("第" + year + " 年的工资为: " + salary + " 元");
18           year++; // 年份增加
19       } while (year <= years);
20   </script>
```

图 2-73

运行结果如图 2-74 所示。

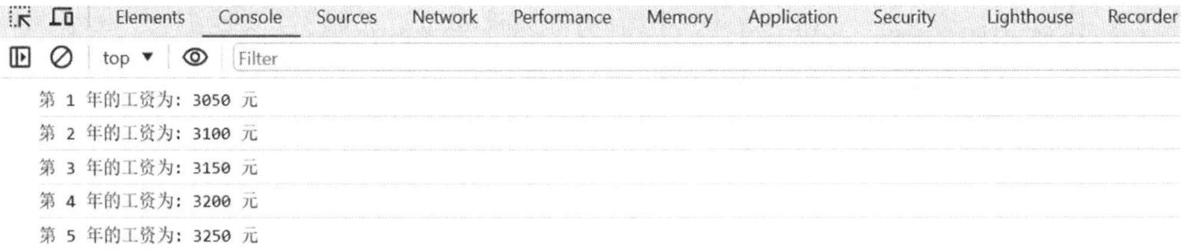

| ☐ ☐ | Elements | Console | Sources | Network | Performance | Memory | Application | Security | Lighthouse | Recorder |
| --- | --- | --- | --- | --- | --- | --- | --- | --- | --- | --- |

```
第 1 年的工资为: 3050 元
第 2 年的工资为: 3100 元
第 3 年的工资为: 3150 元
第 4 年的工资为: 3200 元
第 5 年的工资为: 3250 元
```

图 2-74

## 2.5.4 跳转语句

使用跳转语句(break 和 continue)可以有效地控制循环。

**1. continue 语句**

continue 语句和 break 语句类似,不同之处在于,break 语句用于退出循环,而 continue 语句用于终止本次循环并开始下一次循环。

continue 语句只能应用在 while 语句、for 语句或 do...while 语句中。

【案例 2-13】跳过 7 或 7 的倍数。

代码如图 2-75 所示。

```
9   <script type="text/javascript">
10      for (var i = 1; i <= 100; i++) {
11          // 如果当前数字是7或7的倍数，跳过本次循环
12          if (i === 7 || i % 7 === 0) {
13              continue;
14          }
15          // 输出当前数字
16          console.log(i);
17      }
18  </script>
```

图 2-75

## 2. break 语句

break 语句用于退出包含在最内层的循环或者退出一个 switch 语句。break 语句通常用在 for 语句、while 语句、do…while 语句或 switch 语句中。

【案例 2-14】密码验证。

模拟一个简单的密码验证系统，不断尝试密码，一旦找到了正确的密码，就停止输入。

代码如图 2-76 所示。

```
9   <script type="text/javascript">
10      var correctPassword = "letmein";
11      var userInput = "";
12      var attempts = 0;
13      while (true) {
14          // 模拟用户输入（在实际应用中可以使用 prompt 获取用户输入）
15          if (attempts === 0) {
16              userInput = "123456"; // 第一次尝试
17          } else if (attempts === 1) {
18              userInput = "letmein"; // 第二次尝试，正确密码
19          } else {
20              userInput = "anothertry";
21          }
22          console.log("尝试密码: " + userInput);
23          attempts++; // 增加尝试次数
24          if (userInput === correctPassword) {
25              console.log("密码正确: " + userInput);
26              break; // 找到正确的密码，停止尝试
27          }
28          if (attempts >= 5) {
29              console.log("已经达到最大尝试次数！");
30              break; // 避免无限循环
31          }
32      }
33      console.log("密码尝试结束");
34  </script>
```

图 2-76

# 本 章 小 结

本章首先讲解了 JavaScript 的基本用法、变量的声明及使用、数据类型、运算符和流程控制语句,通过案例的形式讲解 JavaScript 的流程控制语句。

# 课 后 练 习

**一、选择题**

1. JavaScript 可以通过(　　)方式引入 HTML 页面中。

A. 行内引入方式　　　　　　　　　　B. 内联式

C. 外联式　　　　　　　　　　　　　D. 以上皆是

2. 在 JavaScript 中,声明常量的是(　　)。

A. var　　　　　　B. let　　　　　　C. const　　　　　　D. static

3. 以下(　　)变量命名是合法的。

A. 2name　　　　　B. _name　　　　　C. @ name　　　　　D. name!

4. 在 JavaScript 中,进行注释的是(　　)。

A. <! -- This is a comment -->　　　　B. # This is a comment

C. // This is a comment　　　　　　　D. ＊＊ This is a comment ＊＊

5. JavaScript 的基本数据类型不包括(　　)。

A. Number　　　　B. String　　　　C. Boolean　　　　D. Array

6. 以下运算符用于比较两个值是否相等且类型相同的是(　　)。

A. ＝＝　　　　　B. ＝＝＝　　　　C. ！＝　　　　D. ！＝＝

7. (　　)运算符用于逻辑"与"操作。

A. ||　　　　　　B. &&　　　　　　C. !　　　　　　D. ＝＝

8. 在 JavaScript 中,用于创建条件分支的语句是(　　)。

A. for　　　　　　B. if　　　　　　C. while　　　　　　D. do

9. 以下语句用于跳出循环的是(　　)。

A. continue　　　　B. break　　　　C. return　　　　D. exit

**二、填空题**

1. JavaScript 中用于声明变量的关键字是 _____ 和 _____。

2. JavaScript 中单行注释使用 _____ 符号,而多行注释则使用 _____ 和 _____。

3. 在 JavaScript 中,字符串类型的数据通常用 _____ 或 _____ 包围。

4. 运算符 _____ 用于比较两个值是否相等,而运算符 _____ 用于比较两个值是否相等且类型相同。

5. 以下语句用于在 JavaScript 中声明一个变量并赋值:var x = 10;,其中 var 是

_____,x 是 _____,10 是 _____。

6. 在 JavaScript 中,逻辑"非"运算符是 _____,它用于取反一个布尔值。

7. 在 JavaScript 中,for 循环用于 _____ 执行一组语句,直到条件为假。

8. 在 JavaScript 中,const 关键字声明的变量不能被 _____。

9. 使用 ++ 运算符可以将变量的值 _____,使用 -- 运算符可以将变量的值 _____。

三、判断题

1. JavaScript 是一种静态类型语言。(　　　)

2. 在 JavaScript 中,数组的索引从 1 开始。(　　　)

3. 在 JavaScript 中,可以使用 const 声明一个变量,并在之后修改它的值。(　　　)

4. 在 JavaScript 中,null 和 undefined 是相等的,但类型不同。(　　　)

5. === 和 == 在 JavaScript 中的作用相同。(　　　)

6. JavaScript 中的 NaN 表示"不是一个数字"。(　　　)

7. 在 JavaScript 中,所有数据类型都是对象。(　　　)

四、简答题

1. 解释 JavaScript 中"内联式"和"外联式"引入方式的区别。

2. 描述 JavaScript 变量命名的规则。

3. 什么是基本数据类型?列举 JavaScript 的基本数据类型。

4. JavaScript 中的递增和递减运算符是如何工作的?

5. 描述 JavaScript 中 if...else 语句的工作原理

6. 什么是 JavaScript 中的逻辑运算符?列举并简要说明其作用。

7. JavaScript 中 switch 语句的基本结构是什么?

8. 描述 JavaScript 中的跳转语句 break 和 continue 的作用。

五、编程题

1. 通过 JavaScript 中的 for 语句实现求 1~100 的所有质数和。

2. 判断指定的年份是否是闰年。

3. 根据用户输入的成绩,判断学生的等级。

第三章

数组

> 掌握数组的创建方式；
> 掌握数组的基本操作；
> 掌握数组的基本排序方法；
> 了解二维数组的使用。

> 数组的学习需要学生具备逻辑思维和抽象思维的能力。通过学习和使用数组，学生可以学会如何分析和解决复杂问题，培养学生独立思考和解决问题的能力，同时，能够培养学生不畏挫折，坚定目标，精益求精的品质。

> 数组的使用需要遵循一定的语法规则和数据类型规范。学生需要学会遵守这些规则，以确保代码的正确性和可读性。这有助于培养学生的规则意识和遵守规范的习惯，并学会在日常生活中遵守它们。

> 在团队项目中，学生需要共同设计和实现涉及数组的算法和数据结构，要求他们具备良好的团队协作和沟通能力。在这个过程中，学生可以学会如何与他人合作，共同解决问题，并理解在团队中不同角色和责任的重要性。

数组是 JavaScript 中十分常用的一种数据类型。数组提供了一种快速、方便地管理一组相关数据的方法，是 JavaScript 程序设计的重要内容。通过数组可以对大量性质相同的数据进行存储、排序、插入及删除等操作，从而有效地提高程序开发效率及改善程序的编写方式。本章将对数组的应用进行介绍。

## 3.1　数组基础

视频讲解

可以把数组看作一张单行表格，该表格的每一个单元格都可以存储一个数据，而且各单元格中存储的数据类型可以不同。这些单元格称为数组元素，每个数组元素都有一个索引号,通过索引号可以方便地引用数组元素。数组是 JavaScript 中唯一用来存储和操作有序数据集的数据结构,在数组中可以存放任意类型的元素。

## 3.1.1 定义数组

定义数组方式,是指直接使用数组字面量或者构造函数的方式来定义数组。

### 1. 数组字面量定义

使用数组字面量是 JavaScript 中最常见和最简洁的定义数组的方法。数组字面量使用中括号 [ ],并在其中以逗号分隔的方式包含数组的元素,如图 3-1 所示。

```javascript
var fruits = ['Apple', 'Banana', 'Cherry'];
```

图 3-1

这种方式不仅简洁易读,还直观地显示了数组的内容。你可以在数组字面量中包含任何类型的数据,包括数字、字符串、对象甚至其他数组。

### 2. 数组构造函数定义

另一种定义数组的方式是通过 JavaScript 的内建构造函数 Array( )。这种方式相比数组字面量更少见,但也很有用,如图 3-2 所示。

```javascript
var fruits = new Array('Apple', 'Banana', 'Cherry');
```

图 3-2

使用构造函数的一个显著的好处是可以预定义数组的长度,如图 3-3 所示。

```javascript
var emptyArray = new Array(5); // 创建一个长度为5的空数组
```

图 3-3

注意:使用这种方法创建的数组,其元素在初始化时为 undefined。

## 3.1.2 数组索引

JavaScript 中的数组是一种有序的数据结构,通过索引来访问和操作元素。索引是从 0 开始的,也就是说第一个元素的索引是 0。通过中括号 [ ] 语法可以访问数组中的指定元素,例如,fruits[0]可以访问数组 fruits 的第一个元素,代码如图 3-4 所示。

```javascript
var fruits = ['Apple', 'Banana', 'Cherry'];
console.log(fruits[0]); // 输出 'Apple'
console.log(fruits[1]); // 输出 'Banana'
console.log(fruits[2]); // 输出 'Cherry'
```

图 3-4

如果访问超出数组范围的索引,会返回 undefined。代码如图 3-5 所示。

```
console.log(fruits[3]); // 输出 undefined
```

图 3-5

## 3.1.3 ▏ 访问数组元素

通过使用中括号〔〕语法,并在括号内提供索引值,可以访问数组的指定元素。代码如图 3-6 所示。

```
var fruits = ['Apple', 'Banana', 'Cherry'];
console.log(fruits[0]); // 输出 'Apple'
console.log(fruits[1]); // 输出 'Banana'
console.log(fruits[2]); // 输出 'Cherry'
```

图 3-6

## 3.1.4 ▏ 修改数组元素

通过使用中括号〔〕语法,并在括号内提供索引值,可以使用索引来修改数组中的元素。

假设有一个包含水果名称的数组,想要将其中某一个元素修改为另一个值,代码如图 3-7 所示。

```
// 定义一个包含水果名称的数组
var fruits = ['Apple', 'Banana', 'Cherry'];

// 输出原始数组
console.log('原始数组: ', fruits);

// 将 'Banana' 修改为 'Blueberry'
// 'Banana' 的索引是 1
fruits[1] = 'Blueberry';

// 输出修改后的数组
console.log('修改后的数组: ', fruits);
```

图 3-7

在这个例子中,首先定义了一个包含三个元素的数组 fruits。通过访问特定的索引(在这里索引 1 对应 Banana)并赋予新值 Blueberry,可成功地修改数组中的元素。修改后的数组在控制台中的输出如图 3-8 所示。

```
原始数组:  ['Apple', 'Banana', 'Cherry']
修改后的数组:  ['Apple', 'Blueberry', 'Cherry']
```

图 3-8

通过这种方式,可以轻松地修改数组中的任意元素。这里的关键是确定你想修改的元素的索引,然后使用"数组[索引]=新值"进行赋值操作。

# 3.2　数组遍历

视频讲解

在 JavaScript 中,遍历数组是非常常见的操作。有许多不同的方法可以用于遍历数组,每种方法都有其独特的优点和适用场景。我们将逐一讲解这些方法。

## 3.2.1　for 循环

for 循环是最基本的遍历数组的方法。它通过显式地控制循环变量来遍历数组的每个元素。尽管这种方法比较冗长,但它提供了很高的灵活性。代码如图 3-9 所示。

```
var array = [1, 2, 3, 4, 5];
for (var i = 0; i < array.length; i++) {
    console.log(array[i]);
}
```

图 3-9

【案例 3-1】计算商品价格总和。

有一个包含若干商品价格的数组 prices,需要遍历这个数组并计算所有商品价格的总和,代码如图 3-10 所示。

```
var prices = [29.99, 49.99, 9.99, 99.99, 19.99];
// 初始化总和变量 sum 为 0
var sum = 0;
// 使用 for 循环遍历 prices 数组
for (var i = 0; i < prices.length; i++) {
    // 将当前索引 i 对应的商品价格累加到 sum 变量中
    sum += prices[i];
}
// 打印计算得出的总和
console.log("总金额为:"+sum);  // 输出总和
```

图 3-10

运行结果如图 3-11 所示。

总金额为:209.95

图 3-11

## 3.2.2 | for...of 遍历数组

for...of 是 ES6(ECMAScript 2015)引入的一种循环语句,用于迭代可迭代对象(如数组、字符串、Map、Set、类数组对象等)的值。下面是对 for...of 循环的详细讲解。

语法格式如图 3-12 所示。

```
for (variable of iterable) {
    // 被执行的语句
}
```

图 3-12

variable:每次迭代时,将被赋值为可迭代对象的一个值的变量。

iterable:一个可被迭代的对象,如数组、字符串、Map、Set 等。代码如图 3-13 所示。

```
var array = [1, 2, 3, 4, 5];

for (var value of array) {
  console.log(value);
}
// 输出:
// 1
// 2
// 3
// 4
// 5
```

图 3-13

【案例 3-2】计算学生成绩。

假设有一个包含多个学生成绩的数组,每个学生是一个对象,包含姓名和三门课程的成绩。我们要计算每个学生的总成绩以及平均成绩,并输出这些信息。

代码如图 3-14 所示。

```
 9   <script type="text/javascript">
10       // 定义学生姓名数组
11       var names = ['小明', '小红', '小刚'];
12       // 定义学生成绩数组
13       var scores = [
14           [85, 78, 92],    // 小明的成绩
15           [90, 88, 75],    // 小红的成绩
16           [65, 70, 80]     // 小刚的成绩
17       ];
```

图 3-14

```
18              // 遍历每个学生和对应的成绩
19        for (var i = 0; i < names.length; i++) {
20          var name = names[i];   // 当前学生的姓名
21          var studentScores = scores[i];  // 当前学生的成绩
22          var total = 0;
23          for (var score of studentScores) {
24            total += score;  // 计算总成绩
25          }
26          var avg = total / studentScores.length;  // 计算平均成绩
27          // 输出学生的姓名、总成绩和平均成绩
28          console.log('姓名: ' + name);
29          console.log('总成绩: ' + total);
30          console.log('平均成绩: ' + avg.toFixed(2));  // 保留两位小数
31          console.log('---');
32        }
33    </script>
```

图 3-14(续图)

运行结果如图 3-15 所示。

姓名：小明
总成绩：255
平均成绩：85.00
---
姓名：小红
总成绩：253
平均成绩：84.33
---
姓名：小刚
总成绩：215
平均成绩：71.67
---

图 3-15

代码说明：

数组定义：names 数组存储学生的姓名；scores 数组存储每个学生的三门课程成绩，每个学生的成绩以一个子数组的形式存放在 scores 数组中。

遍历学生和对应成绩：使用 for 循环遍历 names 数组中的每个学生，以及 scores 数组中的每个学生的成绩。

计算总成绩和平均成绩：使用 for...of 循环遍历当前学生的每门成绩，并计算总成绩。平均成绩通过将总成绩除以课程数来计算。

输出：使用 console.log 将每个学生的姓名、总成绩和平均成绩打印到控制台；使用 toFixed(2) 方法将平均成绩格式化为保留两位小数的字符串。

### 3.2.3 ┃ 冒泡排序法

冒泡排序是一种简单的排序算法,其核心思想是通过多次比较和交换相邻元素的方式,将数组中的元素从小到大或从大到小排列。因为其工作原理类似于"冒泡",较大的元素会逐渐"冒泡"到数组的末尾,而较小的元素会逐渐移动到数组的开头,所以得名"冒泡排序"。

排序步骤如下。

(1)初始化未排序部分的边界:设定一个边界标志 isSwapped,用于判断在一轮排序中是否发生了交换。

(2)外层循环:从数组的第一个元素开始,一直到倒数第二个元素,用于确定未排序部分。

(3)内层循环:从数组的第一个元素开始,一直到当前未排序部分的最后一个元素,通过与相邻元素比较和交换,逐步将最大或最小的元素"冒泡"到未排序部分的最后一个位置。

(4)交换数据:如果当前元素大于相邻元素,就交换它们的位置。

(5)循环终止条件:当一轮排序中没有发生交换,即 isSwapped 为 false 时,说明数组已经排序完毕,可以提前退出循环。

【案例 3-3】冒泡排序法。

冒泡排序是一种简单的排序算法,其原理是重复地走访要排序的数列,一次比较两个元素,如果它们的顺序错误就把它们交换过来。这种走访数列的工作是重复地进行直到没有再需要交换,也就是说该数列已经排序完成。

这里以一组具体的数组 [64, 34, 25, 12, 22, 11, 90] 为例,通过冒泡排序将其从小到大排序。代码如图 3-16 所示。

```javascript
9   <script type="text/javascript">
10      // 初始化待排序数组
11      var array = [64, 34, 25, 12, 22, 11, 90];
12      // 获取数组长度
13      var n = array.length;
14      // 声明一个标志变量,检查某一轮是否有元素交换
15      var isSwapped;
16      // 外层循环控制所有的排序轮次,共进行 n-1 轮次
17      for (var i = 0; i < n - 1; i++) {
18          // 每轮开始前,将标志变量设置为 false
19          isSwapped = false;
20          // 内层循环控制每轮中相邻元素的比较和交换
21          // 随着排序轮次增加,每轮比较的次数应减少一次
22          for (var j = 0; j < n - 1 - i; j++) {
23              // 比较相邻的两个元素,如果前一个比后一个大,则交换它们
24              if (array[j] > array[j + 1]) {
25                  // 使用临时变量存储当前值,以便交换
26                  var temp = array[j];
27                  // 进行交换操作
28                  array[j] = array[j + 1];
29                  array[j + 1] = temp;
30                  // 标记本轮发生了交换
31                  isSwapped = true;
32              }
33          }
```

图 3-16

```
34                    // 如果在内层循环中没有发生交换，提前退出外层循环
35            if (!isSwapped) {
36                    // 当前轮次没有交换，数组已经有序，提前结束排序
37                    break;
38            }
39        }
40        // 输出排序后的数组到控制台
41        console.log("Sorted array:", array);
42    </script>
```

图 3-16(续图)

以数组 [64, 34, 25, 12, 22, 11, 90] 为例,详细讲解冒泡排序的步骤。

初始状态:

数组:[64, 34, 25, 12, 22, 11, 90]。

第一轮比较(i=0):

比较 64 和 34:交换,数组变为 [34, 64, 25, 12, 22, 11, 90];

比较 64 和 25:交换,数组变为 [34, 25, 64, 12, 22, 11, 90];

比较 64 和 12:交换,数组变为 [34, 25, 12, 64, 22, 11, 90];

比较 64 和 22:交换,数组变为 [34, 25, 12, 22, 64, 11, 90];

比较 64 和 11:交换,数组变为 [34, 25, 12, 22, 11, 64, 90];

比较 64 和 90:不交换,数组保持不变。

第一轮结束,最大值 90 已经冒泡到最后。

第二轮比较(i=1):

比较 34 和 25:交换,数组变为 [25, 34, 12, 22, 11, 64, 90];

比较 34 和 12:交换,数组变为 [25, 12, 34, 22, 11, 64, 90];

比较 34 和 22:交换,数组变为 [25, 12, 22, 34, 11, 64, 90];

比较 34 和 11:交换,数组变为 [25, 12, 22, 11, 34, 64, 90];

比较 34 和 64:不交换,数组保持不变。

第三轮比较(i=2):

比较 25 和 12:交换,数组变为 [12, 25, 22, 11, 34, 64, 90];

比较 25 和 22:交换,数组变为 [12, 22, 25, 11, 34, 64, 90];

比较 25 和 11:交换,数组变为 [12, 22, 11, 25, 34, 64, 90];

比较 25 和 34:不交换,数组保持不变。

第四轮比较(i=3):

比较 12 和 22:不交换,数组保持不变;

比较 22 和 11:交换,数组变为 [12, 11, 22, 25, 34, 64, 90];

比较 22 和 25:不交换,数组保持不变。

第五轮比较(i=4):

比较 12 和 11:交换,数组变为 [11, 12, 22, 25, 34, 64, 90];

比较 12 和 22：不交换，数组保持不变。

第六轮比较（i=5）：

比较 11 和 12：不交换，数组保持不变。

经过上述轮次的比较和交换，最终数组变为［11，12，22，25，34，64，90］，完成排序。

# 3.3  二维数组

视频讲解

二维数组是数组的一种形式，常用于存储矩形数据表，如表格、棋盘、图像的像素点等。在 JavaScript 中，二维数组是一个数组的数组。也就是说，每个数组的元素本身又是一个数组。

## 3.3.1 ▏ 创建二维数组

**1. 使用数组字面量创建二维数组**

可以使用嵌套的数组字面量来创建一个简单的二维数组。例如，创建一个 3×3 的二维数组（3 行 3 列）。代码如图 3-17 所示。

```
// 使用数组字面量直接创建一个3x3的二维数组
var matrix = [
    [1, 2, 3], // 第一行
    [4, 5, 6], // 第二行
    [7, 8, 9]  // 第三行
];
```

图 3-17

**2. 通过循环来动态地创建二维数组**

代码如图 3-18 所示。

```
// 定义行数和列数
var rows = 3;
var cols = 3;

// 创建一个长度为 rows 的数组
var matrix = new Array(rows);

// 使用循环初始化每一行
for (var i = 0; i < rows; i++) {
  matrix[i] = new Array(cols); // 为每一行创建一个长度为 cols 的数组
}
```

图 3-18

### 3.3.2 ▍ 访问二维数组的元素

通过数组的索引来访问和修改二维数组中的元素。创建一个 3×3 的二维数组,如图 3-19 所示。

```
// 使用数组字面量直接创建一个3x3的二维数组
var matrix = [
  [1, 2, 3], // 第一行
  [4, 5, 6], // 第二行
  [7, 8, 9]  // 第三行
];
```

图 3-19

代码及运行结果如图 3-20 所示。

```
// 获取第二行第三列的值
var value = matrix[1][2];
console.log(value); // 输出: 6

// 修改第三行第二列的值
matrix[2][1] = 10;
console.log(matrix[2][1]); // 输出: 10
```

图 3-20

### 3.3.3 ▍ 遍历二维数组

通过嵌套的 for 循环来遍历二维数组中的所有元素,如图 3-21 和图 3-22 所示。

```
// 使用数组字面量直接创建一个3x3的二维数组
var matrix = [
  [1, 2, 3], // 第一行
  [4, 5, 6], // 第二行
  [7, 8, 9]  // 第三行
];
```

图 3-21

```
for (var i = 0; i < matrix.length; i++) { // 外层循环遍历每一行
  for (var j = 0; j < matrix[i].length; j++) { // 内层循环遍历每一列
    console.log(matrix[i][j]); // 输出每个元素
  }
}
```

图 3-22

【案例 3-4】矩阵转置。

代码如图 3-23 所示。

案例描述:

矩阵转置是将矩阵的行和列互换。例如,一个 3x3 的矩阵,其原始矩阵为

```
[
    [1, 2, 3],
    [4, 5, 6],
    [7, 8, 9]
]
```

转置后的矩阵为

```
[
    [1, 4, 7],
    [2, 5, 8],
    [3, 6, 9]
]
```

```javascript
27          // 定义初始矩阵
28          var matrix = [
29              [1, 2, 3],
30              [4, 5, 6],
31              [7, 8, 9]
32          ];
33          // 打印原始矩阵
34          console.log("原始矩阵:");
35          console.log(matrix);
36          // 创建一个空的转置矩阵
37          var transposedMatrix = [];
38          // 获取原始矩阵的行数和列数
39          var rows = matrix.length;
40          var cols = matrix[0].length;
41          // 初始化转置矩阵的大小
42          for (var i = 0; i < cols; i++) {
43              transposedMatrix[i] = [];
44          }
45      // 进行转置操作
46      for (var i = 0; i < rows; i++) {
47          for (var j = 0; j < cols; j++) {
48              transposedMatrix[j][i] = matrix[i][j];
49          }
50      }
51      // 打印转置后的矩阵
52      console.log("转置后的矩阵:");
53      console.log(transposedMatrix);
54  </script>
```

图 3-23

代码说明：

定义初始矩阵：使用 var 关键字声明一个二维数组 matrix，该数组表示要转置的矩阵。

打印原始矩阵：使用 console.log 打印字符串"原始矩阵："和矩阵 matrix 本身。

创建一个空的转置矩阵：声明一个空数组 transposedMatrix，用于存储转置后的矩阵。

获取原始矩阵的行数和列数：使用 matrix.length 获取矩阵的行数，并用 matrix[0].length 获取第一行的列数，将其分别赋给变量 rows 和 cols。

初始化转置矩阵的大小：使用一个 for 循环创建适当数量的空数组来初始化 transposedMatrix，确保它有正确数量的行。

进行转置操作：使用嵌套的 for 循环遍历原始矩阵，将每个元素从 matrix[i][j] 复制到 transposedMatrix[j][i]。外层循环遍历每一行，内层循环遍历每一列。

打印转置后的矩阵：使用 console.log 打印字符串"转置后的矩阵："和转置后的矩阵 transposedMatrix。

# 本 章 小 结

本章主要讲解了如何创建数组、访问数组元素、遍历数组和二维数组的相关知识。通过案例的形式帮助读者更好地理解数组。

# 课 后 练 习

一、选择题

1. (　　　)方式可以正确定义一个数组。

A. var arr = [ ];　　　　　　　　　　B. var arr = { };

C. var arr = ( )　　　　　　　　　　　D. var arr = 5;

2. (　　　)方式可以正确访问数组中的第三个元素。

A. arr(2)　　　　　　　　　　　　　B. arr[2]

C. arr[3]　　　　　　　　　　　　　D. arr{2}

3. 关于数组的索引，下列说法正确的是(　　　　)。

A. 数组索引从 1 开始

B. 数组索引从 0 开始

C. 数组索引从任意数字开始

D. 数组索引从-1 开始

4. 使用 for 循环遍历数组时，数组元素的访问方式是(　　　　)。

A. arr[i]　　　　　　　　　　　　　B. arr(i)

C. arr[i+1]　　　　　　　　　　　　D. arr[i-1]

5. (　　　)方法可以对数组 arr 进行升序排序。

A. arr.sort( )　　　　　　　　　　　B. arr.reverse( )

C. arr. push( )                                    D. arr. pop( )

二、判断

1. 数组中的元素只能是相同类型的数据。(      )

2. 数组 arr 的长度可以通过 arr. length 来获取。(      )

3. 在 JavaScript 中,数组大小是固定的,不能动态增加或减少。(      )

4. for...of 循环可以用来遍历对象的属性。(      )

5. 二维数组可以用一个索引访问其元素。(      )

三、填空

1. 定义一个包含 5 个元素的数组,代码为:var arr = [1, 2, _____, 4, 5];

2. 访问数组 arr 的第一个元素,代码为:var firstElement = _____;

3. 修改数组 arr 的第二个元素为 10,代码为:_____ = 10;

4. 遍历数组 arr 并打印每个元素,代码为:for( var i = 0; i < _____; i++) { console. log( arr[i] ); }

5. 创建一个包含三个子数组的二维数组,代码为:var arr2D = [[1, 2, 3], [4, 5, 6], _____]

四、简答题

1. 请简要说明如何定义一个数组。

2. 请解释数组索引的概念,为什么索引从 0 开始?

3. 使用 for 循环遍历数组时,如何访问和修改数组的元素?

4. 简述 for...of 循环遍历数组与 for 循环的区别。

5. 如何使用冒泡排序法对数组进行排序?

五、编程题

1. 编写代码定义一个包含 5 个整数的数组,并打印其中的所有元素。

2. 使用 for...of 循环遍历数组 arr,将每个元素加 2 后存入新的数组,并打印新数组。

3. 实现冒泡排序法对数组 arr 进行降序排序,并打印排序后的数组。

4. 创建一个二维数组 arr2D,其中每个子数组包含 3 个元素,并打印所有元素。

5. 编写代码修改二维数组 arr2D 的第二个子数组的第一个元素为 99,并打印修改后的数组。

第四章

# JavaScript 函数

> 了解函数的基本概念；
> 掌握函数的基本语法和定义方式；
> 掌握如何调用函数以及函数的执行过程；
> 理解如何在函数中使用参数，以及如何从函数中返回值；
> 理解 JavaScript 中的作用域链、闭包以及相关的概念；
> 掌握函数表达式、箭头函数等函数高级用法；
> 掌握如何在函数中进行错误处理。

## 思政目标

> 函数的编写要求具备清晰的逻辑结构，包括条件判断、循环控制等。通过学习 JavaScript 函数，学生可以锻炼逻辑思维能力，学会如何有条不紊地分析问题和设计解决方案。

> 函数允许代码复用，即一段代码可以在多个地方重复使用。这体现了模块化和复用的思想，教育学生如何高效地组织和利用资源，减少重复劳动，提高工作效率。

> 在团队项目中，不同的函数可能由不同的成员编写。这要求学生具备良好的团队协作能力，能够清晰地表达自己的想法并与团队成员有效沟通，以确保函数的正确性和高效性。

> 编写高质量的函数要求学生具备严谨的工作态度和高度的责任感。他们需要确保函数的正确性、稳定性和效率，体现出良好的职业素养。

函数是 JavaScript 中最常用的功能之一，它将一段重复使用的代码封装起来，实现程序中的代码模块化，以及在程序中的多个位置的功能调用。

一般来说，在程序开发中，函数会带来三个方面的好处：

第一，函数能够提高代码的可读性，使代码更加清晰简洁、更容易理解。

第二，函数能够提升软件开发效率，减少开发者的工作量，同时能够提高程序的健壮性和性能,避免一些常见的编程错误和缺陷。

第三,函数可以提高代码的可扩展性,使代码更具有可重用性、可维护性。通过函数,可以随时添加、删除、修改函数,使代码更加灵活和高效。

函数可以使程序更加规范化和高效化,因此,掌握函数知识非常有必要,便于后面内容的学习。

例如,在统计班级每个学生的平均成绩时,需要对每个学生的成绩进行计算,都需要编写一段功能相同的代码,班级人数越多,代码量越大,冗余量越多。因此,可以使用函数知识,通过函数可以将计算平均分的代码进行封装,在使用时直接调用即可,无须重复编写。本章将针对函数的内容进行详细讲解。

# 4.1　函数的概念和作用

函数用于封装一段完成特定功能的代码,相当于将一条或多条语句组成的代码块包裹起来,用户在使用时只需关心参数和返回值,就能完成特定的功能,而不用了解具体的实现。对外只提供一个简单的函数接口。这种封装的思想类似于将计算机内部的主板、CPU、内存等硬件全部装到机箱里,对外开放一些接口(如显示接口、USB 接口)给用户使用。

视频讲解

在编写代码时,虽然循环语句也能实现一些简单的重复操作,但是有局限性,此时就可以使用 JavaScript 中的函数。

例如,图 4-1 所示的两段代码完成了两个功能。

```
1    //功能1: 求1~100的累加和
2    var sum = 0
3    for(var i = 1; i<=100;i++){
4        sum += i;
5    }
6    console.log(sum);
```

```
1    //功能2: 求100~200的累加和
2    var sum = 0
3    for(var i = 100; i <= 200; i++){
4        sum += i;
5    }
6    console.log(sum);
```

图 4-1

这两个功能的代码非常相似,都是求指定范围的累加和,除了循环变量 i 的区间不同之外,其他代码是相似的。此时利用函数,可以把这种相似的代码封装起来,实现代码的重复使用。

下面我们来演示如何利用函数来封装代码,解决代码重复的问题。关于函数的具体语法规则,会在后面进行详细讲解。

从图 4-2 所示的代码可以看出,利用函数,原本重复的代码现在只需要编写一次,然后就可以重复调用。在调用函数时,小括号中传入了两个参数,第 1 次调用传入的两个参数分别为 1 和 100,第 2 次调用传入的两个参数分别为 100 和 200。只需传入不同的参数,即可对参数按照相同的方式进行处理,最终得到不同的执行结果。

```
1    //声明getSum函数,实现指定范围的累加和功能
2    function getSum(start,end){
3        var sum = 0;
4        for(var i = start;i<=end;i++){
5            sum += i;
6        }
7        console.log(sum);//输出指定范围的累加和
8    }
9
10   //调用getSum函数,依据不同的范围得出不同的累加和
11   getSum(1,100);        //输出结果: 5050
12   getSum(100,200);      //输出结果: 15150
```

图 4-2

## 4.2  函数的定义和调用

视频讲解

### 4.2.1 ▌ 函数的定义

函数的定义格式如图 4-3 所示。

```
function 函数名([参数1,参数2,……])
{
    函数体
}
```

图 4-3

从上述语法可以看出,函数的定义是由 function、函数名、参数和函数体 4 部分组成的。其中,关键字 function 为定义函数的关键字,函数以 function 为开端。

函数名:函数名可由大小写字母、数字、下划线和 $ 符号组成,但是函数名不能以数字开头,且不能是 JavaScript 中的关键字。

参数:用于接收传给函数的值的形式参数,简称形参,根据实际情况可以是零个、一个或者多个。相邻两个参数之间以“,”分隔。没有参数的函数叫无参函数,无参函数虽然没有参数,但是括号( )仍需保留。

函数体:函数实现特定功能的部分,由一条或者多条语句构成。

若在调用函数后想要得到处理结果,在函数体中可以使用 return 关键字返回。另外,函数的名称最好不要使用 JavaScript 中的保留字,避免在将来被用作关键字导致出错。

在图 4-4 所示的在代码中,指出函数对应的组成部分。

```
1   //声明getSum函数, 实现指定范围的累加和功能
2   function getSum(start,end){
3       var sum = 0;
4       for(var i = start;i<=end;i++){
5           sum += i;
6       }
7       console.log(sum);  //输出指定范围的累加和
8   }
```

图 4-4

根据函数的定义格式,从定义函数的关键字 function 着手,可知函数名为 getSum,该函数具备两个形参 start 和 end,第 3～第 7 行为函数的函数体,实现了指定范围的累加和功能。

## 4.2.2 │ 函数的调用

当函数定义完成后,如果要在程序中发挥函数的作用,必须要调用这个函数。调用函数分为两步,首先引用函数名,然后传入相应的参数。格式如下:

> 函数名称([参数 1,参数 2,…])

【案例 4-1】编写一个 getMax( ) 函数,该函数接收两个参数,分别是 num1 和 num2,表示两个数字。收到参数后,比较两个数的大小,输出较大的值。

代码如图 4-5 所示。

```
1   // 定义求num1,num2最大值的函数
2   function getMax(num1,num2){
3       var max = num1 > num2? num1 : num2;
4       console.log("最大值为"+max)
5   }
6
7   //输入参数10和30, 通过函数名和参数调用函数
8   getMax(10,30);  //输出结果: 30
```

图 4-5

在 JavaScript 中使用函数时,必须保证所使用的函数已经存在(可以是 JavaScript 提供的内置函数或是自定义函数),否则就会报引用错误异常。同时,在调用函数时,函数的声明和调用在程序中的顺序不分前后。因此,上述代码做图 4-6 所示的调整,输出结果不变。

```
1  //输入参数10和30，通过函数名和参数调用函数
2  getMax(10,30);   //输出结果: 30
3
4  //定义求num1,num2最大值的函数
5  function getMax(num1,num2){
6      var max = num1 > num2? num1 : num2;
7      console.log("最大值为"+max)
8  }
```

图 4-6

## 4.2.3 函数的返回值

通过前面的学习可知，函数可以用来做某件事，或者实现某种功能。当函数完成了具体功能以后，如何根据函数的执行结果来决定下一步要做的事情呢？这就需要通过函数的返回值来将函数的处理结果返回。

视频讲解

例如，一个人去餐厅吃饭，我们将餐厅的厨师看成一个函数，顾客通过函数的参数来告诉厨师要做什么饭菜。当厨师将饭菜做好以后，这个饭菜最终应该是传给顾客。但在前面编写的函数都是直接将结果输出，这就像厨师自己把饭菜吃了，没有将函数的执行结果返回给调用者。因此，接下来学习函数返回值的使用。

函数的返回值是通过 return 语句来实现的，其语法形式如图 4-7 所示。

```
function 函数名([参数列表]){
    函数体
    return 要返回的值;
}
```

图 4-7

在函数内部，通过函数体完成代码业务逻辑后，可以通过 return 将处理结果返回给调用者。这样，在函数外部，就可以使用返回结果了。

下面通过示例演示函数返回值的使用。

【案例 4-2】求自然数从 start 到 end 的总和。

代码如图 4-8 所示。

```
1  //声明getSum函数，实现从start到end的累加和功能
2  function getSum(start,end){
3      var sum = 0;
4      for(var i = start;i<=end;i++){
5          sum += i;
6      }
7      console.log(sum);//输出指定范围的累加和
8  }
9
10 getSum(1,100);     //输出结果: 5050
```

图 4-8

此时，函数是通过输出语句对运算结果作输出处理的（如第 7 行），没有返回值，因此，在函数外部，直接调用即可（如第 10 行）。

将代码按照 return 返回值的形式进行修改，如图 4-9 所示。

```
1    //声明getSum函数，实现从start到end的累加和功能
2    function getSum(start,end){
3        var sum = 0;
4        for(var i = start;i<=end;i++){
5            sum += i;
6        }
7        return sum;
8    }
9
10   var result = getSum(1,100); //result接收并存储了函数返回的值
11   console.log(result);    //输出结果: 5050
```

图 4-9

此时，在第 10 行代码，调用了函数 getSum( )，并传递了两个参数 1 和 100，得到一个返回值，并赋值给 result 变量，这样在 result 变量里面就保存了整个函数的处理结果。在函数外部，我们可以正常处理 result 变量，比如对变量内容输出打印（如第 11 行）。

注意：如果在函数内没有使用 return 返回一个值，则函数调用后获取到的返回结果为 undefined，如图 4-10 所示。

```
1    function getResult(){
2        //该函数没有return
3    }
4    console.log(getResult());    //输出结果: undefined
```

图 4-10

## 4.2.4 函数案例

在学习了函数的基本使用和 return 语句后，下面通过三个案例加强这两部分知识的学习。

【案例 4-3】求数组当中的最大值。

本案例要求编写一个函数，函数参数为一个数组，在函数内部需要求出数组元素当中的最大值，并通过返回值返回给调用者。假定传递的数组参数为［12，11，10，15，5，9，6，18，3，16］，具体代码如图 4-11 所示。

在图 4-11 所示的函数代码里，定义了一个 max 变量（第 2 行），用来记录当前遇到的最大值（初始默认数组的 0 号索引元素）。通过循环语句遍历整个数组，如果循环变量所指向的索引元素大于当前 max 记录的数值，则需要用指向的索引元素更新 max

```
1    function getArrayMax(arr){
2        var max = arr[0];
3        for(var i = 1;i< arr.length;i++){
4            if(arr[i] > max){
5                max = arr[i]
6            }
7        }
8        return max;
9    }
10
11   var result = getArrayMax([12,11,10,15,5,9,6,18,3,16]);
12   console.log(result);    //输出结果: 18
```

图 4-11

的值；如果循环变量所指向的索引元素小于当前 max 记录的数值，则保持不变。遍历完成后，就会得到一个最大值，并通过 return 语句返回。在第 11 行，传递数组参数调用 getArrayMax( ) 函数，并将返回的值赋值给 result 变量，通过语句输出。

【案例 4-4】求圆的面积。

在实际开发中，我们经常需要计算圆的面积，特别是在绘制圆形图表或者计算圆形物体的大小时。下面可以通过图 4-12 所示的函数来求圆的面积。

```
1    function getArea(radius){
2        radius = radius || 0;
3        var pi = 3.1415926;
4        return pi*radius*radius;
5    }
6
7    var area = getArea(1);
8    console.log(area);      //输出结果: 3.1415926
```

图 4-12

在第 2 行，通过代码过滤掉 undefined、null、NaN 和" " 等非数值数据，以保证数值计算能正常进行。在第 3 行，通过自定义的方式表示 pi，在 JavaScript 中，这是一个常量，我们可以通过 Math 对象来使用。修改后的代码如图 4-13 所示。

```
1    function getArea(radius){
2        radius = radius || 0;
3        return Math.PI*radius*radius; //也可以修改为: Math.PI*(radius**2)
4    }
5
6    var area = getArea(1);
7    console.log(area);      //输出结果: 3.141592653589793
```

图 4-13

【案例 4-5】判断一个数是否为素数。

素数（prime number）又称质数，是指大于 1 且只能被 1 和它本身整除的正整数，如 2、3、5、7、11 等。下面通过函数判断一个数是否为素数，具体代码如图 4-14 所示。

```
1    function isPrime(num){
2        if(num <= 1)  return false;   //小于或等于1不是素数
3
4        for(var i = 2;i < num; i++){
5            if(num % i === 0 ){
6                return false;  // 如果有其他因子存在则返回false
7            }
8        }
9
10       return true;// 没有其他因子存在则返回true
11   }
12
13   console.log('9:'+isPrime(9));     //false
14   console.log('7:'+isPrime(7));     //true
15   console.log('1:'+isPrime(1));     //false
```

图 4-14

在第 2 行中，由于 1 不满足素数定义，所以把 1 从素数中排除掉；在第 4 行到第 8 行中，利用参数 num 去整除 2 至 num-1 之间的数值，如果能够被整除，那很明显就不满足素数的定义，在这里利用 return 的终止特性（第 6 行），提前终止函数，并判断 num 不是素数；如果在第 4 行到第 8 行，能够遍历完毕，说明 num 不能够被 2 至 num-1 之间的数值整除，符合素数的定义，在第 10 行，通过 return 返回 true 值。

# 4.3 函数的参数

## 4.3.1 形参和实参

在函数内部的代码中，当某些值不能确定的时候，可以通过函数的参数从外部接收进来，一个函数可以通过传入不同的参数来完成不同的操作。

视频讲解

通过前面的学习已知，函数的参数分为形参和实参。当函数定义时，函数名称后面小括号中的参数，称为形参；当函数调用时，同样也需要传递相应的参数，这些参数称为实参。简而言之，形参是形式上的参数，因为当函数声明的时候，这个函数还没有被调用，这些参数具体会传过来什么样的值是不确定的，而实参就是实际上的参数，在函数被调用的时候，它的值就被确定下来了。

函数形参和实参的具体语法形式如图 4-15 所示。

```
function 函数名(形参1,形参2,…){      //函数名后小括号里的是形参
    //函数体代码
}

函数名(实参1,实参2,…);            //函数调用后小括号里的是实参
```

图 4-15

下面通过图 4-16 所示的代码演示函数参数的具体使用。

```
1  function getSum(num1,num2){
2      console.log(num1+num2);
3  }
4  getSum(1,3);              //输出结果: 4
```

图 4-16

在上述代码中，第 1 行函数 getSum( ) 定义时，num1、num2 是函数的形参；第 4 行函数调用时，1 和 3 就是函数的实参。形参 num1 和 num2 类似于两个变量，当函数调用的时候，实参的值分别传递给对应的形参，即 num1 为 1，num2 为 3。

## 4.3.2 参数设置

函数在定义时根据参数的不同，可分为两种类型：一种是无参函数；另一种是有参函数。接下来将分别介绍几种常用的函数参数设置。

### 1. 无参函数

无参函数适合用于不需要提供任何数据，即可完成指定功能的情况。具体示例如图 4-17 所示。

```
1  function welcome(){
2      console.log('Hello,JavaScript!');
3  }
```

图 4-17

对于无参函数，调用的时候使用函数名（ ）即可，无须添加实参。不过需要注意的是，在自定义函数时，即使函数的功能实现不需要设置参数，小括号" （ ）" 也不能够省略。

### 2. 有参函数

在实际开发中，若函数体内的操作需要用户传递的数据，此时函数定义时需要设置形参，用于接收用户调用函数时传递的实参。具体示例如图 4-18 所示。

```
1  function maxNum(a,b){
2      a = parseInt(a);
3      b = parseInt(b);
4      return a >= b? a:b;
5  }
```

图 4-18

上述定义的 maxNum（）函数用于比较形参 a 和 b 的大小，首先在该函数体中对参数 a 和 b 进行处理，确保参与比较运算的数据都是数值型，接着利用 return 关键字返回比较的结果。

### 3. 获取函数调用时传递的所有实参

JavaScript 函数参数的使用非常灵活，当不确定函数中接收到了多少个实参的时候，在函数体中直接通过 arguments 对象获取函数调用时传递的实参。在 JavaScript 中，arguments 是当前函数的一个内置对象，所有函数都内置了一个 arguments 对象，该对象保存了函数调用时传递的所有实参。实参的总数可通过 length 属性获取，具体的实参值可通过数组遍历的方式进行操作，具体示例如图 4-19 所示。

```
1  function fn(){
2      console.log(arguments);          //输出结果：arguments(10)[1,2,3,4,5,…]
3      console.log(arguments.length);   //输出结果：10
4      console.log(arguments[0]);       //输出结果：1
5  }
6
7  fn(1,2,3,4,5,6,7,8,9,10);
```

图 4-19

通过上述代码可以看出，在函数中访问 arguments 对象，可以获取函数调用时传递过来的所有实参。

注意：arguments 虽然可以像数组一样，使用"[ ]"语法访问"[ ]"里面的元素，但它并不是一个真正的数组，而是一个类似数组的对象。

【案例 4-6】创建一个函数计算所有传入数值的总和。

代码如图 4-20 所示。

```
1   function sumAll(){
2       var sum = 0;
3       for(var i = 0;i<arguments.length;i++){
4           sum += arguments[i];                    //通过arguments对象访问元素求所有项和
5       }
6       return sum;
7   }
8
9   var result = sumAll(10,20,30,40,50,60,70,80,90,100);//向函数传入多个实参
10  console.log(result);                          //输出结果：550
```

图 4-20

在图 4-20 所示的代码中，在函数调用的时候传递了 10 个实参（第 9 行），在无参函数 sumAll（）内通过 arguments 对象接收所有的实参数据。在第 3～第 5 行，通过遍历 arguments 对象并累加访问元素，将结果保存到 sum 变量中。

**4. 默认参数**

JavaScript 函数的参数遵循以下参数规则：

（1）函数定义不规定形参的数据类型；

（2）函数调用时不对实参进行类型检查；

（3）函数调用时不对实参进行数量检查。

因此，有些情况下，实参的数量会少于函数定义时的形参数量，这个时候多出来的形参就会默认设置为 undefined，如图 4-21 所示。

```
1  function fn(x,y){        //函数定义时形参数量为2
2      if(y === undefined){   //使用===判断y的数据类型是否为undefined
3          y = 0;
4      }
5      return x*y;
6  }
7  var result = fn(10);      //函数调用时实参的数量为1
8  console.log(result);
```

图 4-21

上述代码的调用结果很明显是 0，形参数量多于实参数量，多出来的形参 y 默认为 undefined，在代码里执行语句 y 会被赋予 0 值，函数的返回值自然也为 0。

为了避免形参被设置为默认参数，可以在函数定义的时候，指定其默认值。这样，当使用未传递参数的时候，函数将应用默认值进行操作，如图 4-22 所示。

```
1  function getSum(a,b,c=10){
2      return a + b + c;
3  }
4  console.log(getSum(10,20));
```

图 4-22

在调用该函数时，只有 2 个实参，因此，参数传递后，形参 a 的值为 10，形参 b 的值为 20，最后一个形参使用默认值 10，所以得出 40 的返回值。

# 4.4　函数的其他知识

前面讲解了函数的一些基础知识，通过对函数中参数和返回值的学习，大家掌握了函数的基本使用。但是想要深入理解函数，还需要掌握函数表达式、回调函数等知识。本节将对这些内容进行详细讲解。

### 4.4.1 ▏ 函数表达式

所谓函数表达式，指的是将声明的函数赋值给一个变量，通过变量完成函数的调用和参数的传递，这也是 JavaScript 中另一种定义函数的方式，它与一般函数的定义和调用有着一定程度的区别。

一般函数定义调用如图 4-23 所示。

```
1    console.log(sum(10,20));      //函数的定义和调用顺序不分先后
2    function sum(n1,n2){          //函数定义由关键字、函数名、参数和函数体构成
3        return n1 + n2;
4    }
```

图 4-23

函数表达式定义调用如图 4-24 所示。

```
1    var sum = function(n1,n2){    //函数表达式定义了赋值部分
2        return n1 + n2;
3    }
4    console.log(sum(10,20));      //函数的调用在定义后面
```

图 4-24

从上述代码可以看出，函数表达式与函数声明的定义方式几乎相同，不同的是函数表达式的定义必须在调用前，而函数声明的方式则不限制声明与调用的顺序。由于 sum 是一个变量名，将函数赋值给了变量 sum 后，变量 sun 就能像函数一样调用。

通过比较，我们可以归纳出，函数表达式和一般函数的定义及调用之间的不同点如下：

（1）函数的定义方式不同；

（2）函数的调用方式不同；

（3）函数定义与调用顺序不同。

### 4.4.2 ▏ 匿名函数

匿名函数是没有名字的函数，与使用一般函数相比，它不仅可以避免全局变量污染以及函数名冲突等问题，而且可以作为一个参数传给其他函数使用。

匿名函数格式如图 4-25 所示。

```
function([参数1,参数2, …]){
    函数体
}
```

图 4-25

由此可知，匿名函数和一般函数不同点在于匿名函数在关键字 function 后没有函数

名。我们知道，调用函数时是通过函数名执行的，匿名函数没有名字如何调用呢？其实匿名函数的定义调用更为灵活，可以通过函数表达式或者自调用等方式灵活调用，而且函数的声明和调用有时可以同时进行。匿名函数有以下三种调用方式。

**1. 函数表达式调用**

其语法格式如图 4-26 所示。

```
1    var sum = function(n1,n2){        //通过函数表达式调用
2        return n1 + n2;
3    }
4    console.log(sum(10,20));          //直接通过变量调用
```

图 4-26

由于 sum 是一个变量名，给这个变量赋值的函数没有函数名，所以这个函数也可以称为匿名函数。

**2. 事件调用**

其语法格式如图 4-27 所示。

```
1    <!DOCTYPE html>
2    <html>
3        <head>
4            <meta charset="utf-8" />
5            <title></title>
6        </head>
7        <body>
8            <button>按钮</button>
9            <script>
10           btn = document.querySelector("button");
11           btn.onclick = function(){              //匿名函数处理事件
12               alert("onclick事件");
13           }
14           </script>
15       </body>
16   </html>
```

图 4-27

**3. 自调用**

定义与执行合为一体，直接执行。语法格式如图 4-28 所示。

```
1    (function(参数1,参数2, …){
2        函数体
3    })(参数1,参数2, …);
```

图 4-28

示例代码如图 4-29 所示。

```
1    console.log((function(n1,n2){          //自调用的声明和调用
2        return n1 + n2;
3    })(2,3));                              //自调用的参数传递
```

图 4-29

## 4.4.3 回调函数

回调函数就是将函数当作参数传给另外一个函数的函数，这个被当作参数的函数就是回调函数。在实际开发中，如果想要函数体中某部分功能由调用者决定，此时可以使用回调函数。具体实现是，将函数 A 作为参数传递给另一个函数 B，然后在函数 B 的函数体内调用函数 A，此时称函数 A 为回调函数。

### 1. 普通函数作为回调函数

在这个例子中，定义了两个普通函数 one( ) 和 two( )。在定义的 sum 函数中，有两个形参 a 和 b，在第 10 行，普通函数 one( ) 传递给了形参 a，普通函数 two( ) 传递给了形参 b，这样在函数 sum( ) 中，a 和 b 就具备了函数的调用功能，因此，函数 one( ) 和函数 two( ) 称为回调函数。代码如图 4-30 所示。

```
1    function one(){
2        return 1;
3    }
4    function two(){
5        return 2;
6    }
7    function sum(a,b){
8        return a() + b();
9    }
10   console.log(sum(one,two));
```

图 4-30

### 2. 匿名函数作为回调函数

匿名函数自身也可以当作参数传给另一个函数，也就是所谓的匿名函数作为回调函数。代码如图 4-31 所示。

```
1    function one(){
2        return 1;
3    }
4    function sum(a,b){
5        return a() + b();
6    }
7    console.log(sum(one,function(){
8        return 2;
9    }));
```

图 4-31

在此例中，一般函数 one（） 和匿名函数都被当作参数传给函数 sum，匿名函数在此作为回调函数。

【案例 4-7】使用回调函数计算两个数值的算术运算。

代码如图 4-32 所示。

```
1   function cal(n1,n2,fn){
2       return fn(n1,n2);
3   }
4   console.log(cal(10,20,function(a,b){
5       return a + b;
6   }));
7   console.log(cal(10,20,function(a,b){
8       return a - b;
9   }));
10  console.log(cal(10,20,function(a,b){
11      return a * b;
12  }));
13  console.log(cal(10,20,function(a,b){
14      return a / b;
15  }));
```

图 4-32

代码说明：第 1 ~ 第 3 行代码定义了 cal（） 函数，用于返回 fn（） 回调函数的调用结果。第 4 ~ 第 6 行代码用于调用 cal（） 函数，并指定该回调函数用于返回其两个参数相加的结果，因此可在控制台查看到结果为 30。同理，第 7 ~ 第 9 行代码在调用 cal（）函数时，将回调函数指定为返回其两个参数相减的结果，因此可在控制台查看到结果为 –10；第 10 ~ 第 12 行代码在调用 cal（） 函数时，将回调函数指定为返回其两个参数相乘的结果，因此可在控制台查看到结果为 200；第 13 ~ 第 15 行代码在调用 cal（） 函数时，将回调函数指定为返回其两个参数相除的结果，因此可在控制台查看到结果为 0.5。

从以上案例可以看出，在函数中设置了回调函数后，可以根据调用时传递的不同参数（如相加的函数、相乘的函数等），在函数体中特定的位置实现不同的功能，相当于在函数体内根据用户的需求完成不同功能的定制。

## 4.4.4 箭头函数

箭头函数是一种匿名函数，属于一种新定义的函数类型，它可以更容易地编写简洁、可读性强且易于维护的代码。因为箭头函数省略了 function 关键字、花括号和 return 关键字，所以箭头函数表达式的语法比普通函数表达式的更短。

下面介绍几种常见的语法格式。具体语法如图 4-33 所示。

$$(p1,p2,\cdots,pn) =>\{函数体\}$$

图 4-33

在图 4-33 所示的语法中，箭头"=>"前小括号内是传递的参数，箭头"=>"后花括号"{ }"中的是函数体，当函数体中只有一条语句时，可以省略花括号"{ }"，且函数体中只有一条返回值语句时，可以同时省略花括号"{ }"和 return 关键字；当参数列表中只有一个参数时，可以省略小括号；当箭头函数没有参数时，箭头"=>"前必须含有小括号"（ ）"或下划线"__"。

**1.** 无参数箭头函数

其语法格式如图 4-34 所示。

```
1    //1、无参数箭头函数
2    //传统写法
3    var fun1 = function(){
4    }
5
6    //箭头函数写法
7    //没有参数时，需要用()进行占位，代表参数部分
8    var fn1 = ()=>{
9    }
```

图 4-34

**2.** 一个参数箭头函数

其语法格式如图 4-35 所示。

```
1    //2、1个参数箭头函数
2    //当函数参数只有一个，括号可以省略；但是没有参数时，括号不可以省略
3    var fun2 = function(obj){
4        console.log(obj);
5    }
6    //简写为:
7    var fn2 = obj=>console.log(obj);
```

图 4-35

**3.** 多个参数箭头函数

其语法格式如图 4-36 所示。

```
1    //3、多个参数箭头函数
2    var fun3 = function(a,b){
3        return a + b;
4    }
5    //简写为:
6    var fn3 = (a,b)=> a + b;
7    //也可以简写为:
8    var fun31 = (a,b) => {return a + b;}
```

图 4-36

**4. 可变参数箭头函数**

其语法格式如图 4-37 所示。

```
1    //4、可变参数箭头函数
2    var fun4 = function(a,b,…, args){
3    }
4    //简写为:
5    var fn3 = (a,b,…, args)=> {
6    }
```

图 4-37

**5. 当有多行代码时，可以使用 {} 把函数体括起来**

其语法格式如图 4-38 所示。

```
1    //5、当有多行代码时，可以使用{}把函数体括起来
2    var fn5 = ()=>{
3        console.log("Hello");
4        console.log("JavaScript");
5    }
6
7    fn5();
```

图 4-38

从图 4-34 ~ 图 4-38 中的代码可以看出，箭头函数这种更短的表达式在开发中会使代码更加清晰，更便于阅读。

# 4.5  函数作用域和闭包

通常来说，一段代码中所用到的名字（如变量名）并不总是有效和可用的，而限定这个名字的可用性的代码范围就是这个名字的作用域。作用域机制可以有效减少命名冲突的情况发生。本节将对作用域进行详细讲解。

## 4.5.1 函数作用域

通过前面的学习，我们知道变量需要先声明后使用，但这并不意味着声明变量后就可以在任意位置使用该变量。例如，在函数中声明一个 age 变量，在函数外进行访问，就会出现 age 变量未定义的错误，示例代码如图 4-39 所示。

```
1   function info(){
2       var age = 10;
3   }
4   info();
5   console.log(age);    //报错, 提示age is not defined
```

图 4-39

从上述代码可以看出, 变量需要在它的作用范围内才可以被使用, 这个作用范围称为变量的作用域。JavaScript 根据作用域使用范围的不同, 将其划分为全局作用域、函数作用域和块级作用域 (ES6 提供的)。上述示例声明的 age 变量只能在 info ( ) 函数体内才可以使用。

接下来针对 JavaScript 中不同作用域内声明的变量进行介绍。

(1) 全局变量: 不在任何函数内声明的变量 (显式定义) 或在函数内省略 var 声明的变量 (隐式定义) 都称为全局变量, 它在同一个页面文件中的所有脚本内都可以使用。

(2) 局部变量: 在函数体内利用 var 关键字定义的变量称为局部变量, 它仅在该函数体内有效。

(3) 块级变量: ES6 提供的 let 关键字声明的变量称为块级变量, 仅在 "{}" 中间有效, 如 if、for 或 while 语句等。

对于初学者来说, 重点是理解全局变量和局部变量的区别, 而块级变量和 let 关键字属于 ES6 的新增内容, 读者此时仅简单了解即可。

例如, 定义一个函数 test, 在函数体里声明一个变量 a, 赋值为 "我是局部变量 a", 并在控制台上输出。代码如图 4-40 所示。

```
1   function test(){
2       var a = "我是局部变量a";      //局部变量
3       console.log(a);             //仅在该函数体内有效
4   }
5
6   test();
7   console.log(a);                 //在函数外部打印失效, 此时已经超出了局部变量的有效范围
```

图 4-40

运行结果如图 4-41 所示。

```
我是局部变量a
⊗ Uncaught ReferenceError: a is not defined
      at 4-5.html:20:15
```

图 4-41

注意：当函数运行完成后，局部变量就会被删除，在函数外部使用该局部变量则会报错。

例如，定义一个函数 test，在函数外声明一个变量 a，赋值为"我是全部变量 a"；并在该函数体内省略关键字 var 声明一个变量 b，赋值为"我是全部变量 b"，在函数 test 内部和外部都输出变量 a 和 b，显示在控制台上。代码如图 4-42 所示。

```
1   var a = "我是全局变量a";              //使用关键字var声明全局变量
2   function test(){
3       b = "我是全局变量b";              //省略关键字var声明全局变量
4       console.log("函数test内部打印a：  "+a);
5       console.log("函数test内部打印b：  "+b);
6   }
7
8   test();
9   console.log("函数test外部打印a：  "+a);
10  console.log("函数test外部打印b：  "+b);
```

图 4-42

运行结果如图 4-43 所示。

函数test内部打印a：我是全局变量a
函数test内部打印b：我是全局变量b
函数test外部打印a：我是全局变量a
函数test外部打印b：我是全局变量b

图 4-43

## 4.5.2　作用域链

当在一个函数内部声明另一个函数时，就会出现函数嵌套的效果。当函数嵌套时，内层函数只能在外层函数作用域内执行，在内层函数执行的过程中，若需要引入某个变量，首先会在当前作用域中寻找，若未找到，则继续向上一层级的作用域中寻找，直到全局作用域。我们称这种链式的查询关系为作用域链。

下面通过图 4-44 所示的代码演示在函数嵌套中的作用域链效果。

```
1   var num = 10;
2   function outer(){         //外部函数
3       var num = 20;
4       function inner(){      //内部函数
5           console.log(num); //输出结果: 20
6       }
7       inner();
8   }
9   outer();
```

图 4-44

在图 4-44 所示的代码中，inner( ) 函数内访问了 num 变量，由于在 inner( ) 函数内部不存在 num 变量，所以向上级作用域中查找。inner( ) 函数的上级作用域是 outer( ) 函数，在该函数中找到了 num 变量，所以输出结果为 20。假如在 outer( ) 函数中也没有 num 变量，则再往上查找，这时就到了全局作用域，此时 num 的值就是全局作用域下的 10。

## 4.5.3 闭包的概念和用途

在 JavaScript 中，内嵌函数可以访问定义在外层函数中的所有变量和函数，并包括其外层函数能访问的所有变量和函数。但是在函数外部则不能访问函数的内部变量和嵌套函数，此时就可以使用 "闭包" 来实现。

所谓 "闭包" 指的就是有权访问另一函数作用域内变量（局部变量）的函数。它最主要的用途是以下两点：

（1）可以在函数外部读取函数内部的变量；

（2）可以让变量的值始终保持在内存中。

注意：由于闭包会使得函数中的变量一直保存在内存中，内存消耗很大，所以闭包的滥用可能会降低程序的处理速度，造成内存消耗等问题。

常见的闭包创建方式就是在一个函数内部创建另一个函数，通过另一个函数访问这个函数的局部变量。为了让大家更加清楚闭包函数的实现，下面通过图 4-45 所示的代码进行演示。

```
1   function fn(){
2       var times = 0;
3       var c = function(){
4           return ++times;
5       };
6       return c;
7   }
8   var count = fn();          //保存fn()返回的函数,此时count就是一个闭包
9   //访问测试
10  console.log(count());      //输出结果: 1
11  console.log(count());      //输出结果: 2
12  console.log(count());      //输出结果: 3
13  console.log(count());      //输出结果: 4
14  console.log(count());      //输出结果: 5
```

图 4-45

代码说明：

上述第 3 ~ 第 5 行代码，利用闭包函数实现了在全局作用域中访问局部变量 times，并让变量的值始终存储在内存中。第 8 行代码调用 fn( ) 函数后，接下来将匿名函数的引用返回给 count 变量，且匿名函数中使用了局部变量 times。因此，局部变量 times 不会在 fn( ) 函数执行完成后被 JavaScript 回收，依然保存在内存中。

## 4.5.4 函数中的 this 指向

在 JavaScript 中，函数有多种调用的环境，如直接通过函数名调用、作为对象的方法调用、作为构造函数调用等。根据函数不同的调用方式，函数中的 this 指向会发生改变。下面将针对 this 的指向问题进行分析。

在 JavaScipt 中，函数内的 this 指向通常与以下三种情况有关。

（1）使用 new 关键字将函数作为构造函数调用时，构造函数内部的 this 指向新创建的对象。

（2）直接通过函数名调用函数时，this 指向的是全局对象（在浏览器中表示 window 对象）。

（3）如果将函数作为对象的方法调用，this 将会指向该对象。

在上述三种情况中，第一种情况将在学习对象时使用，下面介绍第二、三种情况，具体示例如图 4-46 所示。

```
1    function test(){
2        return this;
3    }
4    var obj = {name:'Jim',func:test};
5    console.log(test() === window);      //输出结果:    true
6    console.log(obj.func() === obj);     //输出结果:    true
```

图 4-46

从图 4-46 所示的代码可以看出，对于同一个函数 test( )，当直接调用时，this 指向 window 对象，而作为 obj 对象的方法调用时，this 指向的是 obj 对象。

## 本 章 小 结

本章首先介绍了什么是函数、函数的定义、调用和返回值的设置，然后介绍了变量的作用域，接着针对匿名函数、嵌套、递归和闭包的应用进行讲解。通过本章的学习，读者应能熟练掌握函数的使用。

## 课 后 练 习

一、选择题

1. 关于函数定义的正确语句是（　　）。

A. function myFunc( ) { }

B. myFunc = function( ) { }

C. function = myFunc( ) { }

D. myFunc function( ) { }

2. 匿名函数的定义方法是（　　）。

A. function( ) { }

B. function myFunc( ) { }

C. myFunc = function namedFunc ( ) { }     D. namedFunc ( ) = function ( ) { }

3. 关于箭头函数的描述正确的是（　　　）。

A. 箭头函数具有自己的 this 指向     B. 箭头函数无法传递参数

C. 箭头函数的语法是 function => { }     D. 箭头函数不绑定自己的 this

4. 关于函数返回值的描述正确的是（　　　）。

A. 函数必须有返回值

B. 函数返回值通过 return 语句指定

C. 函数返回值只能是数值类型

D. return 语句可以出现在函数的任何位置

5. 下列关于函数调用的说法正确的是（　　　）。

A. 函数调用时，必须传入所有参数

B. 函数调用时，参数可以省略

C. 函数调用时，参数必须是数值类型

D. 函数调用时，参数顺序无关紧要

6. 在函数参数设置中，默认参数的作用是（　　　）。

A. 确保函数不报错     B. 提供参数的默认值

C. 强制参数类型     D. 优化函数性能

7. 形参和实参的区别是（　　　）。

A. 形参在函数定义时指定，实参在函数调用时传入

B. 形参和实参是同一概念

C. 形参只能是字符串类型，实参只能是数值类型

D. 形参和实参必须相同

8. 关于函数表达式的描述正确的是（　　　）。

A. 函数表达式不能有名称

B. 函数表达式必须立即调用

C. 函数表达式可以赋值给变量

D. 函数表达式与函数声明相同

9. 匿名函数的主要特点是（　　　）。

A. 没有函数体     B. 没有返回值

C. 没有名称     D. 无法调用

10. 闭包的特点是（　　　）。

A. 只能在全局作用域中使用     B. 可以访问外层函数的变量

C. 必须返回一个数值     D. 只能在定义时执行

二、判断题

1. 函数调用时，如果不提供参数，形参会被赋值为 undefined。（　　　）

2. 回调函数是一种将函数作为参数传递给另一个函数的方法。（　　　）

3. 箭头函数的 this 指向在定义时确定，而不是在调用时。（　　　）

4. 闭包是指函数在执行时能够访问外部函数的变量。（　　　）

三、填空题

1. 在 JavaScript 中，函数通过使用关键字_____ 来定义。

2. 函数的返回值通过_____ 语句来指定。

3. 在函数调用时，实际传递的参数称为_____。

4. 当函数嵌套时，内层函数能够访问外层函数的变量，这种现象称为_____。

5. 箭头函数使用符号_____ 来定义。

四、简答题

1. 解释什么是回调函数，并举一个简单的例子。

2. 闭包的概念是什么？在实际编程中有什么用途？

3. 什么是箭头函数？它与普通函数的主要区别是什么？

4. 形参和实参的区别是什么？

5. 在函数中使用 this 关键字时需要注意什么？

# 第五章

## JavaScript 对象

> 了解什么是对象；
> 掌握对象的创建方式；
> 掌握对象的遍历方法；
> 掌握 Math 对象的使用；
> 掌握日期对象的使用；
> 掌握数组对象的使用；
> 掌握字符串对象的使用。

思政目标

> 通过学习对象的概念，学生能够理解并应用抽象思维，将现实世界中的事物或概念抽象为编程中的对象。这有助于培养他们的抽象思维能力，提升分析问题和解决问题的能力。

> 对象的属性定义了对象的特征和状态。通过学习对象的属性，学生能够理解到在编程中，每一个细节都可能影响程序的运行效果。这有助于他们认识到在生活和工作中，注重细节的重要性，培养严谨细致的工作态度。

> 不同的对象具有不同的属性，通过对对象属性的学习和理解，学生能够学会对事物进行分类和归纳，找到它们之间的共性和差异。这有助于培养他们的分类和归纳能力，提升他们处理复杂问题的效率。

> 对象的访问和操作是编程中的基础操作。通过学习如何访问和操作对象，学生能够掌握基本的编程技能，提高他们的实践能力。

JavaScript 对象是一个数据结构，它允许存储和操作一组"键值对"数据。在 JavaScript 中，对象可以被认为是现实生活中物体的模拟：它们有属性和方法。对象属性可以存储基本数据类型（如字符串、数字和布尔值）和复杂数据类型（如函数、数组和其他对象）。本章将围绕对象的概念和创建对象方式以及内置对象进行讲解。

# 5.1　对象的概念和属性

## 5.1.1 ▏ 对象的概念

对象的概念首先来自对客观世界的认识，它用于描述客观世界存在的特定实体。例如，"手机"就是一个典型的对象，"手机"包含颜色、尺寸、价格等特性，又包含打电话、聊天等功能。在计算机的世界里，不仅存在来自客观世界的对象，也包含为解决问题而引入的比较抽象的对象。例如，一个用户可以被看作一个对象，该对象包含用

视频讲解

户名、用户密码等特性，也包含注册、登录等动作。其中，用户名和用户密码等特性可以用变量来描述；而注册、登录等动作可以用函数来定义。因此，对象实际上就是一些变量和函数的集合。

在 JavaScript 中，对象包含两个要素：属性和方法。通过访问或设置对象的属性，并调用对象的方法，可以对对象进行各种操作，从而获得需要的功能。

在 JavaScript 中，对象就是属性和方法的集合，这些属性和方法也称为对象的成员。方法是对象成员的函数，表明对象所具有的行为；而属性是对象成员的变量，表明对象的状态。

【案例 5-1】在 JavaScript 中描述一个学生对象，该学生拥有的属性和方法如下所示。

属性：姓名，性别，年龄，学号；

方法：吃饭，睡觉，学习，锻炼。

在代码中，属性可以看作是对象中的变量，方法可以看作是对象中的函数，假如有一个学生对象 stu1，就可以定义学生对象并访问学生对象的属性及方法。代码如图 5-1 所示。

```
var stu1={
    name:"张三",
    gender:"男",
    age:"18",
    id:"20230201",
    eat: function(){
        console.log("中午要吃饭");
    },
    sleep:function(){
        console.log("晚上11点前睡觉")
    }
};
    console.log(stu1.name)//输出结果为:张三
    stu1.eat();//输出结果为: 中午要吃饭
    stu1.sleep();//输出结果为: 晚上11点前睡觉
```

图 5-1

从图 5-1 所示的代码可以看出，对象的属性和变量的使用方法类似，对象的方法和函数调用类似，通过"对象名 . 属性名"或者"对象名 . 方法名"进行调用。

### 5.1.2 创建对象

在 JavaScript 中，对象的字面量就是用花括号"{}"来包裹对象中的成员，每个成员使用"key：value"的形式来保存，key 表示属性名或方法名，value 表示对应的值。多个对象成员之间用","隔开。创建对象的语法格式如下：

> var 对象名 ={属性名 1:属性值 1,属性名 2:属性值 2,属性名 3:属性值 3,…}

由语法格式可以看出，在创建对象时，所有属性都被放在花括号中，属性之间用逗号分隔，每个属性都由属性名和属性值两部分组成，属性名和属性值之间用冒号隔开。

【案例 5-2】创建一个学生对象 student，并设置 5 个属性，分别为 name、gender、age、id、eat。代码如图 5-2 所示。

```
var student={
    name:"张三",
    gender:"男",
    age:"18",
    id:"20230201",
    eat: function(){
        console.log("中午要吃饭");
    }
}
```

图 5-2

在图 5-2 所示的代码中，student 对象包含 5 个成员变量，分别是 nane、gender、age、id、eat。其中，eat 为成员方法。

## 5.2 对象的访问和操作

### 5.2.1 访问属性

访问对象的属性主要有两种方式：一种是以"对象名 . 属性名"的方式进行访问；另一种是以数组的方式"对象名［属性名］"进行访问。

【案例 5-3】创建一个学生对象 student，并设置 5 个属性，分别为 name、gender、age、id、eat。访问对象的方法代码如图 5-3 所示。

视频讲解

```
var student={
    name:"张三",
    gender:"男",
    age:"18",
    id:"20230201",
    eat: function(){
        console.log("中午要吃饭");
    }
}
console.log(student.name);
console.log(student.gender);
console.log(student.age);
console.log(student.id);
student.eat();
```

图 5-3

控制台中输出结果如图 5-4 所示。

图 5-4

## 5.2.2 添加属性

在创建对象时可以直接设置属性。另外，还可以在创建对象后向对象中添加属性。

【案例 5-4】创建一个学生对象 student，并设置 5 个属性，分别为 name、gender、age、id、eat。然后向该对象中添加一个属性 address，代码如图 5-5 所示。

```
var student ={
    name:"张三",
    gender:"男",
    age:"18",
    id:"20230201",
    eat: function(){
        console. log("中午要吃饭");
    }
}
console. log(student. name);
console. log(student. gender);
console. log(student. age);
console. log(student. id);
student. eat();
student. address ="重庆市江北区";
console. log(student. address);
```

图 5-5

控制台中输出结果如图 5-6 所示。

图 5-6

根据代码运行结果可知，对象中成功添加了 address 属性。

### 5.2.3 删除属性

在 JavaScript 中，delete 是一个操作符。该操作符用来删除对象中的指定属性，也可用于删除数组中的元素。

【案例 5-5】创建一个学生对象 student，并设置 5 个属性，分别为 name、gender、age、id、eat，然后删除该对象中的 id 属性，代码如图 5-7 所示。

```javascript
var student = {
    name:"张三",
    gender:"男",
    age:"18",
    id:"20230201",
    eat: function(){
        console. log("中午要吃饭");
    }
}
delete student.id;
console. log(student. name);
console. log(student. gender);
console. log(student. age);
console. log(student. id);
student. eat();
```

图 5-7

控制台中输出结果如图 5-8 所示。

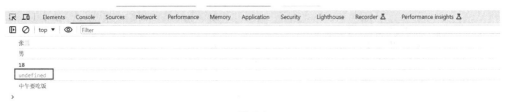

图 5-8

根据代码运行结果可知，对象中的 id 属性成功被删除。

### 5.2.4 ▎遍历对象

在 JavaScript 中，for…in 循环语句是专门用于遍历对象的语句。for…in 循环语句和 for 循环语句十分相似，用来遍历对象的所有属性，且每次都将属性名作为字符串，保存到变量中。

语法如下：

```
for(variable in object){statements}
```

这里 variable 是每个迭代步骤里一个不同的属性名，它被赋值为对象中一个属性的键（key）。object 是要遍历的对象。

【案例 5-6】使用 for…in 循环语句输出学生对象 student 中的属性名和值。代码如图 5-9 所示。

```
var student ={
    name:"张三",
    gender:"男",
    age:"18",
    id:"20230201",
    eat: function(){
        console. log("中午要吃饭");
    }
}
for(var key in student){
console. log(key+":"+student[key]);
}
```

图 5-9

运行结果如图 5-10 所示。

图 5-10

注意：for…in 主要是遍历对象，而不是数组。

# 5.3 Math 对象

## 5.3.1 JavaScript 内置对象

为了方便程序开发，JavaScript 提供了很多常用的内置对象，包括数学对象 Math、日期对象 Date、数组对象 Array 以及字符串对象 String 等。JavaScript 中的内部对象按照使用方式可分为动态对象和静态对象，当引用动态对象的属性和方法时，首先必须使用 new 关键字创建一个对象实例，然后才能使用"对象实例名 . 成员"的方式来访问其属性和方法；当引用静态对象的属性和方法时，不需要用 new 关键字创建对象实例，直接使用"对象名 . 成员"的方式来访问其属性和方法即可。

在 JavaScript 中，Math 对象提供了一系列属性和方法来进行数学常数和数学函数的计算。这个对象不是一个构造函数，所以无须创建对象实例，可以直接使用其静态属性和静态方法。Math 对象的所有属性和方法都是静态的。

## 5.3.2 Math 对象的属性

Math 对象的属性及作用如表 5-1 所示。

表 5-1

| 属性 | 作用 |
| --- | --- |
| Math. E | 自然对数的底数，约等于 2. 718 |
| Math. LN10 | 10 的自然对数，约等于 2. 302 |
| Math. LN2 | 2 的自然对数，约等于 0. 693 |
| Math. PI | PI 的值，约等于 3. 14159 |

## 5.3.3 Math 对象常用的方法

（1）四舍五入、取整方法：

①Math. round( x) 表示返回 x 四舍五入后的最接近的整数。

②Math. cei1( x) 表示返回大于或等于 x 的最小整数，即向上取整。

③Math. floor( x) 表示返回小于或等于 x 的最大整数，即向下取整。

（2）最大/最小值：

①Math. max( ［va11 ［, va12 ［, …］ ］ ］ ） 表示多个数值的最大值。

②Math. min( ［va11 ［, va12 ［, …］ ］ ］ ） 表示多个数值的最小值。

（3）指数和对数：

①Math. pow( x, y) 表示返回 x 的 y 次幂，即 x^y。

②Math. sqrt( x) 表示返回 x 的平方根。

③Math. log( x ) 表示返回 x 的自然对数（e 为底）。

（4）三角函数：

①Math. sin( x ) 表示返回角 x 的正弦值。

②Math. cos( x ) 表示返回角 x 的余弦值。

③Math. tan( x ) 表示返回角 x 的正切值。

（5）随机数生成：

Math. random( ) 表示返回一个浮点数，该随机数在从 0（包括）到 1（不包括）的范围内。

下面通过具体代码演示 Math 对象的属性和方法。

【案例 5-7】常用 Math 属性及方法。代码如图 5-11 所示。

```
var x = -3. 7;
var y = 2. 5;
//绝对值
console. log(Math. abs(x));          //输出: 3. 7
//四舍五入
console. log(Math. round(x));         //输出: -4
//向上和向下取整
console. log(Math. ceil(x));          //输出: -3
console. log(Math. floor(x));         //输出: -4
//最大值、最小值
console. log(Math. max(x, y));        //输出: 2. 5
console. log(Math. min(x, y));        //输出: -3. 7
//幂和平方根
console. log(Math. pow(y, 2));        // 输出: 6. 25
console. log(Math. sqrt(16));         //输出: 4
//随机数
console. log(Math. random());         //输出: 0 到 1 之间的随机数
console. log(Math. PI);               //输出 3. 141592653589793
```

图 5-11

【案例 5-8】利用 Math. random( ) 随机生成一个 0 ~ 10 的整数但不包括 10。代码如图 5-12 所示。

```
var number =Math. floor(Math. random() *  (10 + 1));
console. log(number)
```

图 5-12

我们想要得到两个数（min 和 max）之间的随机整数并且包含这两个整数，则可以使用如下方法生成随机数：

```
Math. floor(Math. random() *  (max - min + 1)) + min;
```

【案例 5-9】 生成 1 ~ 10 的随机数，包括 1 和 10。代码如图 5-13 所示。

```javascript
function getRandom(min, max) {
    return Math. floor(Math. random() *   (max - min + 1)) + min;

}
varnumber =getRandom(1,10);
console. log(number)；
```

图 5-13

【案例 5-10】 随机点名。代码如图 5-14 所示。

```javascript
//定义数组
var arr = [' 玉麒麟卢俊义','豹子头林冲','霹雳火秦明',' 双枪将董平','小李广花荣','九纹龙史进'];
//生成随机数方法
function getRandom(min, max) {
        return Math. floor(Math. random() *   (max - min + 1)) + min;
    }
var index =getRandom(0, arr. length - 1);
console. log(index)
document. write(arr[index]);
```

图 5-14

运行结果如图 5-15 所示。

小李广花荣

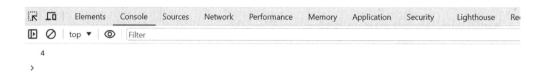

图 5-15

# 5.4 Date 对象

在 Web 开发过程中，可以使用 JavaScript 的 Date 对象（日期对象）实现对日期和时间的控制。例如，想在网页中显示计时时钟、日期等都需要用到日期对象。本节将对日期对象进行讲解。

## 5.4.1 创建 Date 对象

Date 对象和 Math 对象不一样，Date 是一个动态对象，所以需要先实例化后才能使用其中的具体方法和属性。语法格式如图 5-16 所示。

```
Date Obj = new Date()
Date Obj = new Date(dateVal)
Date Obj = new Date(year, month, date[, hours[, minutes[, seconds[,ms]]]])
```

图 5-16

获取当前时间必须实例化，代码如图 5-17 所示。

```
var now = new Date;
console. log(now)
```

图 5-17

运行结果如图 5-18 所示。

```
Mon Mar 11 2024 00:19:32 GMT+0800 (中国标准时间)
```

图 5-18

获取指定时间的日期对象，代码如图 5-19 所示。

```
var newDate =new Date(' 2024/1/1' );
console. log( newDate)
```

图 5-19

运行结果如图 5-20 所示。

```
Mon Jan 01 2024 00:00:00 GMT+0800 (中国标准时间)
```

图 5-20

示例代码如图 5-21 所示。

```
var newDate =new Date(2024, 4,21);
//传入的月份参数为 0 ~ 11 的数值,真实月份为传入的月份参数加 1
console. log( newDate)
```

图 5-21

运行结果如图 5-22 所示。

Tue May 21 2024 00:00:00 GMT+0800 (中国标准时间)

图 5-22

注意：如果创建实例时并未传入参数，则得到的日期对象是当前时间对应的日期对象。

## 5.4.2 ▎Date 对象的方法

Date 对象是 JavaScript 中的一种内置对象。Date 对象没有可以直接被读/写的属性，所有对日期和时间的操作都是通过方法来完成的。Date 对象的方法、描述、示例使用及返回值如表 5-2 所示。

表 5-2

| 方法 | 描述 | 示例使用 | 返回值（假设当前日期是 2024-03-10） |
| --- | --- | --- | --- |
| getFullYear( ) | 获取年份 | now. getFullYear( ) | 2024 |
| getMonth( ) | 获取月份（0 ~ 11） | now. getMonth( ) | 2（代表 3 月） |
| getDate( ) | 获取月中的日（1 ~ 31） | now. getDate( ) | 10 |
| getDay( ) | 获取周中的日（0 ~ 6，周日为 0） | now. getDay( ) | 数字，0 ~ 6 |
| getHours( ) | 获取小时（0 ~ 23） | now. getHours( ) | 当前小时数 |
| getMinutes( ) | 获取分钟（0 ~ 59） | now. getMinutes( ) | 当前分钟数 |
| getSeconds( ) | 获取秒（0 ~ 59） | now. getSeconds( ) | 当前秒数 |
| getMilliseconds( ) | 获取毫秒（0 ~ 999） | now. getMilliseconds( ) | 当前毫秒数 |
| getTime( ) | 获取自 1970 年 1 月 1 日以来的毫秒数 | now. getTime( ) | 一个长整数 |
| setFullYear（year） | 设置年份 | now. setFullYear（2025） | 设置后 now 的年份 |
| setMonth( month) | 设置月份（0 ~ 11） | now. setMonth(11) | 设置后 now 的月份 |
| setDate( day) | 设置月中的日（1 ~ 31） | now. setDate(25) | 设置后 now 的日期 |
| setHours( hours) | 设置小时（0 ~ 23） | now. setHours(13) | 设置后 now 的小时数 |

续表

| 方法 | 描述 | 示例使用 | 返回值（假设当前日期是 2024-03-10） |
|---|---|---|---|
| setMinutes（minutes） | 设置分钟（0~59） | now. setMinutes(30) | 设置后 now 的分钟数 |
| setSeconds（seconds） | 设置秒（0~59） | now. setSeconds(45) | 设置后 now 的秒数 |
| setMilliseconds（ms） | 设置毫秒（0~999） | now. setMilliseconds(500) | 设置后 now 的毫秒数 |
| toDateString( ) | 返回日期部分的字符串 | now. toDateString( ) | 如"Sun Mar 10 2024" |
| toTimeString( ) | 返回时间部分的字符串 | now. toTimeString( ) | 如"16：34：46 GMT+0800（CST）" |
| toLocaleDateString( ) | 返回当地格式的日期部分的字符串 | now. toLocaleDateString( ) | 与当地格式相关的日期字符串 |
| toLocaleTimeString( ) | 返回当地格式的时间部分的字符串 | now. toLocaleTimeString( ) | 与当地格式相关的时间字符串 |
| toISOString( ) | 以合法的 ISO 日期格式返回字符串 | now. toISOString( ) | 一字符串，如"2024-03-10T08：34：46.976Z" |

【案例 5-11】获取当前日期详细信息。

代码如图 5-23 所示。

```
var date = new Date();
var year = date. getFullYear();//返回当前的年份 2024
var month = date. getMonth() + 1;//返回当前的月份
var dates = date. getDate();//返回今天的号数
var arr = ['星期日','星期一','星期二','星期三','星期四','星期五','星期六'];
var day =date. getDay();//返回星期几，范围为 0 ~6(0 表示星期日)
document. write('今天是：' + year +'年' + month +'月' + dates +'日' + arr[day]);
```

图 5-23

运行结果如图 5-24 所示。

今天是：2024年3月11日 星期一

图 5-24

【案例 5-12】格式化日期及时间的时、分、秒。

代码如图 5-25 所示。

```
function geTime(){
    var date = new Date();
    var year = date. getFullYear();//返回当前的年份 2024
    var month = date. getMonth() + 1;//返回当前的月份
    var dates = date. getDate();//返回今天的号数
    var arr = [' 星期日 ',' 星期一 ',' 星期二 ',' 星期三 ',' 星期四 ',' 星期五 ',' 星期六 '];
    var day = date. getDay();//返回星期几,范围为 0 ~ 6(0 表示星期日)
    var h = date. getHours();
    h = h < 10 ? ' 0' + h : h;
    var m = date. getMinutes();
    m = m < 10 ? ' 0' + m : m;
    var s = date. getSeconds();
    s = s < 10 ? ' 0' + s : s;
    //return h + ' : ' + m + ' : ' + s;
    return ' 今 天 是 : ' + year + ' 年 ' + month + ' 月 ' + dates + ' 日 ' + arr[day]+ h + ' : ' + m + ' : ' + s
}
var times =geTime();
document. write(times);
```

图 5-25

运行结果如图 5-26 所示。

今天是: 2024年3月11日 星期一 11:30:06

图 5-26

【案例 5-13】 活动倒计时。

代码如图 5-27 所示。

```
function countDown(time) {
    var nowTime = +new Date(); //返回的是当前时间总的毫秒数
    var inputTime = +new Date(time); //返回的是用户输入时间总的毫秒数
    var times = (inputTime - nowTime) / 1000; // times 是剩余时间总的秒数
    var d = parseInt(times / 60 / 60 / 24); //天
    d = d < 10 ? ' 0' + d : d;
    var h = parseInt(times / 60 / 60 % 24); //时
    h = h < 10 ? ' 0' + h : h;
    var m = parseInt(times / 60 % 60); //分
    m = m < 10 ? ' 0' + m : m;
    var s = parseInt(times % 60); // 当前的秒
    s = s < 10 ? ' 0' + s : s;
    return "距离活动结束还有:"+ d + ' 天 ' + h + ' 时 ' + m + ' 分 ' + s + ' 秒 ';
}
var remainingTime = countDown(' 2024 - 3 - 20 12 : 00 : 00 ')
document. write(remainingTime);
```

图 5-27

运行结果如图 5-28 所示。

距离活动结束还有:09天00时21分44秒

图 5-28

# 5.5　数组对象

在 JavaScript 中，数组是一种特殊的对象，用于存储有序集合。数组对象是 Array 构造函数的实例，并拥有一系列特定的属性和方法，这些方法使得数组的操作变得更加灵活和方便。本节将详细介绍 JavaScript 中的数组对象。

## 5.5.1　定义和创建数组对象

可以使用多种方法来定义和创建数组，代码如图 5-29 所示。

```
//使用数组字面量
var fruits =[' Apple' ,' Banana' ,' Cherry' ];
//使用构造函数
var colors = new Array(' Red' ,' Green' ,' Blue' );
```

图 5-29

## 5.5.2　检测是否为数组

在开发中，我们需要检测变量的类型是否为数组。数组类型检测有如下两种方法。

（1）instanceof 可以判断一个对象是否是某个构造函数的实例。代码如图 5-30 所示。

```
var arr = [222, 223];
var obj = {};
console. log(arr instanceof Array); // true
console. log(obj instanceof Array); // false
```

图 5-30

（2）Array. isArray( ) 用于判断一个对象是否为数组，isArray( ) 是 HTML5 中提供的方法。代码如图 5-31 所示。

```
ar arr = [222, 223];
var obj = {};
console. log(Array. isArray(arr));          // true
console. log(Array. isArray(obj));          // false
```

图 5-31

在上述代码中，如果检测结果为 true，则表示给定的变量是数组；如果检测结果为 false，则表示给定的变量不是数组。

### 5.5.3 ▎ 添加删除数组元素的方法

添加删除数组元素的方法、说明及返回值如表 5-3 所示。

表 5-3

| 方法 | 说明 | 返回值 |
| --- | --- | --- |
| push（element1，elementN） | 在数组末尾添加一个或多个元素 | 返回新数组的长度 |
| pop（） | 删除数组的最后一个元素 | 返回该元素的值 |
| unshift（element1，elementN） | 在数组的开头添加一个或多个元素 | 返回新的长度 |
| shift（） | 删除数组的第一个元素 | 返回该元素的值 |

【案例 5-14】添加删除数组元素。

代码如图 5-32 所示。

```
var arr = ['玉麒麟卢俊义','豹子头林冲','霹雳火秦明','双枪将董平','小李广花荣','九纹龙史进'];
console. log(arr);//玉麒麟卢俊义,豹子头林冲,霹雳火秦明,双枪将董平,小李广花荣,九纹龙史进
arr. push('宋江');
console. log(arr)//玉麒麟卢俊义,豹子头林冲,霹雳火秦明,双枪将董平,小李广花荣,九纹龙史进,宋江
arr. unshift('张三','李四')
console. log(arr)//张三,李四,玉麒麟卢俊义,豹子头林冲,霹雳火秦明,双枪将董平,小李广花荣,九纹龙史进,宋江
console. log(arr. pop());
console. log(arr)//宋江
console. log(arr. shift())
console. log(arr)//张三
```

图 5-32

运行结果如图 5-33 所示。

▶ (6) ['玉麒麟卢俊义', '豹子头林冲', '霹雳火秦明', '双枪将董平', '小李广花荣', '九纹龙史进']
▶ (7) ['玉麒麟卢俊义', '豹子头林冲', '霹雳火秦明', '双枪将董平', '小李广花荣', '九纹龙史进', '宋江']
▶ (9) ['张三', '李四', '玉麒麟卢俊义', '豹子头林冲', '霹雳火秦明', '双枪将董平', '小李广花荣', '九纹龙史进', '宋江']
宋江
▶ (8) ['张三', '李四', '玉麒麟卢俊义', '豹子头林冲', '霹雳火秦明', '双枪将董平', '小李广花荣', '九纹龙史进']
张三
▶ (7) ['李四', '玉麒麟卢俊义', '豹子头林冲', '霹雳火秦明', '双枪将董平', '小李广花荣', '九纹龙史进']

图 5-33

## 5.5.4 ┃ 数组排序

JavaScript 数组的排序是通过 sort( ) 方法实现的，这个方法会就地对数组的元素进行排序。也就是说，它直接修改原数组，而不是创建一个新的数组。sort( ) 方法默认会将数组元素转换为字符串，并按照字符编码的顺序进行排序。sort( ) 方法需要传入参数来设置升序、降序排序。如果传入 "function（a，b） ｜ return a-b;｜"，则为升序；如果传入 "function（a，b） ｜ return b-a;｜"，则为降序。reverse（ ）用于实现颠倒数组中元素的顺序，该方法会改变原来的数组返回新数组。

【案例 5-15】数组倒序与排序。

代码如图 5-34 所示。

```
1 var arr = ['玉麒麟卢俊义', '豹子头林冲', '霹雳火秦明', '双枪将董平', '小李广花荣', '九纹龙史进'];
2 console.log(arr);//玉麒麟卢俊义,豹子头林冲,霹雳火秦明,双枪将董平,小李广花荣,九纹龙史进
3 //数组倒序
4 arr.reverse();
5 console.log(arr);
6 //数组排序
7 var arr1=[1,3,5,7,9,13,15];
8 console.log(arr1);
9 arr1.sort(function(a,b){//从小到大排序
10     return a-b;
11 })
12 console.log(arr1);
13 arr1.sort(function(a,b){//从大到小排序
14     return b-a;
15 })
16 console.log(arr1);
```

图 5-34

运行上述代码，控制台中显示结果如图 5-35 所示。

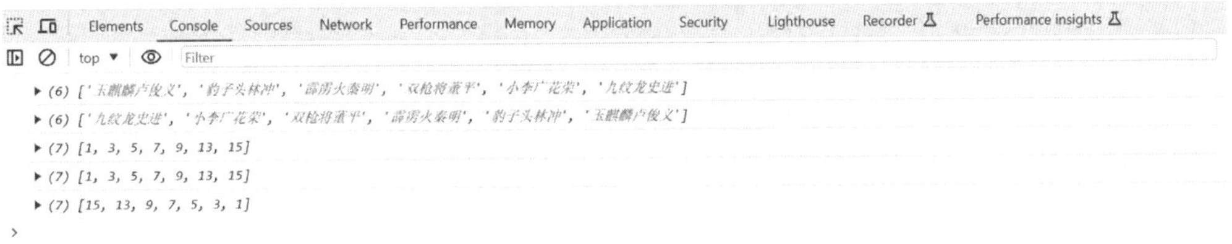

图 5-35

代码说明：在上述代码中，第 1 行代码定义了一个数组；第 2 行代码在控制台中输出数组；第 4 行代码对数组进行倒序排列；第 5 行代码再次输出数组，发现数组的排序发生改变。

## 5.5.5 ┃ 数组索引方法

在 JavaScript 中，数组索引方法是一些强大的工具，可以帮助查询和操作数组中元素的位置。这些方法包括 indexOf( )、lastIndexOf( ) 和 findIndex( )。

**1. indexOf( ) 方法**

indexOf( ) 方法用于搜索数组中是否存在指定元素，并返回该元素在数组中的第一个索引。如果没有找到，则返回 −1。这个方法从数组的开头（index 0）开始往后查找，代码如图 5-36 所示。

```
1 var fruits = ['apple', 'banana', 'cherry', 'apple'];
2 console.log(fruits);
3 console.log(fruits.indexOf('apple')); // 输出: 0
4 console.log(fruits.indexOf('banana')); // 输出: 1
5 console.log(fruits.indexOf('grape')); // 输出: -1
```

图 5-36

运行上述代码，控制台输出结果如图 5-37 所示。

```
▶ (4) ['apple', 'banana', 'cherry', 'apple']
0
1
-1
>
```

图 5-37

**2. lastIndexOf( ) 方法**

LastIndexOf( ) 方法的功能与 indexOf( ) 的类似，但它是从数组的末尾开始向前搜索。它返回指定元素在数组中的最后一个索引。如果没有找到，则返回 −1，代码如图 5-38 所示。

```
1 var fruits = ['apple', 'banana', 'cherry', 'apple'];
2 console.log(fruits);
3 console.log(fruits.lastIndexOf('apple')); // 输出: 3
4 console.log(fruits.lastIndexOf('banana')); // 输出: 1
5 console.log(fruits.lastIndexOf('grape')); // 输出: -1
```

图 5-38

运行上述代码，控制台输出结果如图 5-39 所示。

```
▶ (4) ['apple', 'banana', 'cherry', 'apple']
3
1
-1
>
```

图 5-39

**3. findIndex( ) 方法**

findIndex( ) 方法用于接收一个回调函数，该函数对数组中的每个元素执行一次，直到找到一个使回调函数返回 true 的元素。一旦找到这样的元素，findIndex（）立即返回该元素的索引。如果数组中没有任何元素满足回调函数，则返回 −1。

回调函数接收三个参数：元素值、元素的索引和被遍历的数组。

代码如图 5-40 所示。

```
1 var people = [
2    { id: 1, name: '张三' },
3    { id: 2, name: '李四' },
4    { id: 3, name: '王五' },
5 ];
6 console.log(people);
7 var index = people.findIndex(function(person){
8        return person.id=="2";
9 });
10 console.log(index); // 输出：1
11 console.log(people[index]);
```

图 5-40

在图 5-40 所示的代码中，findIndex( ) 方法接收回调函数。这个函数检查每个元素（即每个人对象）的 id 属性是否等于 2。对于数组 people，id 为 2 的人是李四，他在数组中的索引为 1（因为数组索引从 0 开始）。因此，此代码的输出将是 1，表示李四在数组中的位置。代码运行结果如图 5-41 所示。

```
▼ (3) [{…}, {…}, {…}] ⓘ
  ▶ 0: {id: 1, name: '张三'}
  ▶ 1: {id: 2, name: '李四'}
  ▶ 2: {id: 3, name: '王五'}
    length: 3
  ▶ [[Prototype]]: Array(0)

1
▶ {id: 2, name: '李四'}
```

图 5-41

## 5.5.6 数组转换为字符串

在 JavaScript 中，将数组转换为字符串是一项常见的任务，如需要输出数组内容或将其发送至 API 时。JavaScript 提供了多种方法来实现数组到字符串的转换，最常用的是 join( )、toString( )。

### 1. join( ) 方法

join( ) 方法将数组中的所有元素连接成一个字符串，并返回这个字符串。你可以指定一个字符串作为连接符（分隔符），如果不指定，默认使用逗号，作为分隔符。代码如图 5-42 所示。

```
1 var colors = ['Red', 'Green', 'Blue'];
2 console.log(colors);
3 console.log(colors.join()); // 输出："Red,Green,Blue"
4 console.log(colors.join('')); // 输出："RedGreenBlue"
5 console.log(colors.join('-')); // 输出："Red-Green-Blue"
```

图 5-42

代码执行结果如图 5-43 所示。

图 5-43

### 2. toString( ) 方法

toString（）方法将数组转换为字符串，并返回结果。它将数组中的元素用逗号连接成一个字符串。这个方法不能自定义分隔符，而是使用逗号作为分隔符。代码如图 5-44 所示，运行结果如图 5-45 所示。

```
1 var colors = ['Red', 'Green', 'Blue'];
2 console.log(colors);
3 console.log(colors.toString()); // 输出: "Red,Green,Blue"
```

图 5-44

图 5-45

## 5.5.7 其他方法

除了前面讲解的几种常用方法，JavaScript 还提供了很多其他比较常用的方法。

### 1. fill( ) 方法

JavaScript 的 fill( ) 方法将所有元素或指定范围内的元素更改为一个固定的值。

fill（value，start，end）方法接收三个参数，即

value：将被填充到数组中的值。

start（可选）：开始填充的起始索引，默认为 0。

end（可选）：停止填充的终止索引（不包括），默认为数组的长度。

这个方法会修改原数组，并返回修改后的数组。

假设创建一个长度为 10 的数组，并将所有元素初始化为 0。代码如图 5-46 所示。运行结果如图 5-47 所示。

```
1 var numbers = new Array(10).fill(0);
2 console.log(numbers);
```

图 5-46

图 5-47

如果有一个数组，想要将索引从 2 ~ 4（不包括 4）的元素更改为 1。代码如图 5-48 所示，运行结果如图 5-49 所示。

```
1 var numbers = [0, 0, 0, 0, 0];
2 console.log(numbers)
3 numbers.fill(1, 2, 4);
4 console.log(numbers);
```

图 5-48

图 5-49

### 2. splice( ) 方法

JavaScript 的 splice( ) 方法是一个强大的数组方法，用于添加、删除或替换数组中的元素。

splice（start，deleteCount，item1，item2，…）方法可以在数组中任意位置添加或删除元素。

其中，start：指定修改的开始位置（索引）；

deleteCount（可选）：要删除的元素数量。如果省略或值大于 start 之后的元素总数，则从 start 开始，所有元素都将被删除。

item1，item2，…（可选）：要添加到数组中的元素，从 start 位置开始。

splice( ) 方法可直接修改原数组，并返回一个包含被删除的元素的数组（如果没有删除元素，则返回一个空数组）。

（1）删除元素，其代码如图 5-50 所示。

```
1 var fruits = ['Apple', 'Banana', 'Orange', 'Mango'];
2 console.log(fruits)
3 var removed = fruits.splice(1, 2);
4 console.log(fruits); // 输出: ['Apple', 'Mango']
5 console.log(removed); // 输出: ['Banana', 'Orange']
```

图 5-50

运行结果如图 5-51 所示。

图 5-51

（2）添加元素，其代码如图 5-52 所示。

```
1 var  fruits = ['Apple', 'Banana', 'Orange', 'Mango'];
2 console.log(fruits)
3 fruits.splice(3, 0, '葡萄', '柚子');
4 console.log(fruits);
```

图 5-52

运行结果如图 5-53 所示。

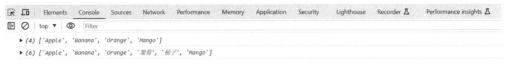

图 5-53

（3）替换元素，其代码如图 5-54 所示。

```
1 var  fruits = ['Apple', 'Banana', 'Orange', 'Mango'];
2 console.log(fruits)
3 fruits.splice(1, 1, '草莓');
4 console.log(fruits);
```

图 5-54

运行结果如图 5-55 所示。

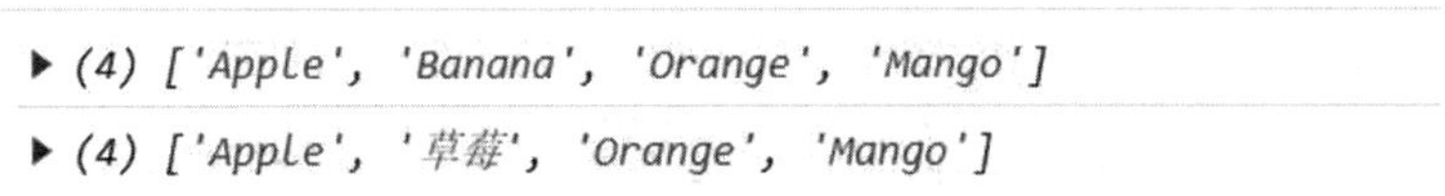

▶ (4) ['Apple', 'Banana', 'Orange', 'Mango']

▶ (4) ['Apple', '草莓', 'Orange', 'Mango']

图 5-55

### 3. slice( ) 方法

slice( ) 方法用于截取数组，不会修改原始数组。它可以提取原数组的一部分，返回一个新的数组对象。语法格式如下：

arr. slice([begin[, end]])

代码说明：

begin（可选）：指定开始提取元素的索引位置。如果为负值，则表示从数组末尾开始计数；如果省略，则默认为 0。

end（可选）：指定结束提取元素的索引位置，但不包括 end 位置的元素。如果为负值，则表示从数组末尾开始计数；如果省略，则提取到数组末尾。

返回一个新的数组，包含从 begin 到 end（不包括 end）的数组元素。代码如图 5-56 所示。

```
1 var fruits = ['Banana', 'Orange', 'Lemon', 'Apple', 'Mango'];
2 // 提取从索引1开始到索引3（不包括）的元素
3 var citrus = fruits.slice(1, 3);
4 console.log(citrus); // 输出: ['Orange', 'Lemon']
5 console.log(fruits);
6 // 输出: ['Banana', 'Orange', 'Lemon', 'Apple', 'Mango'] (原始数组未被修改)
```

图 5-56

运行结果如图 5-57 所示。

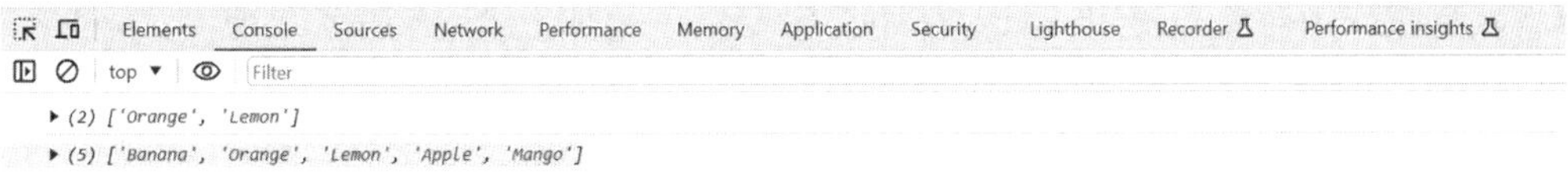

图 5-57

# 5.6　String 对象

字符串是程序设计中经常用到的一种数据类型。在 JavaScript 中使用 String 对象可以对字符串进行处理。正确地处理字符串，对于 Web 程序员来说非常重要。本节将主要介绍 String 对象的使用。

## 5.6.1 ▍String 对象的创建

String 对象是动态对象，使用构造函数可以显式创建 String 对象，String 对象用于操作和处理文本串，通过它可以获取字符串的长度以提取子字符串，以及将字符串转换为大写字符或小写字符。创建 String 对象的语法格式如下：

var newstr = new String(StringText)

代码说明：

newstr：创建的 String 对象名。

StringText：可选项，表示字符串文本。

示例代码如图 5-58 所示。

控制台中输出结果如图 5-59 所示。

```
1 var str=new String("JavaScript程序语言设计");
2 console.log(str);
```

图 5-58

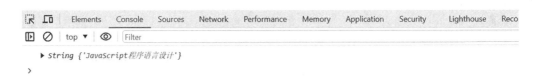

图 5-59

实际上，JavaScript 会自动在字符串与字符串对象之间进行转换。因此，任何一个字符串常量（用单引号或双引号括起来的字符串）都可以被看作一个 String 对象，可以将其直接作为对象来使用。只要在字符串变量后面加上".方法名"或".属性名"，就可以调用相应的属性和方法。示例代码如图 5-60 所示。

```
1 var str="JavaScript程序语言设计"
2 var str1=new String("JavaScript程序语言设计");
3 console.log(typeof str);
4 console.log(typeof str1);
```

图 5-60

运行结果如图 5-61 所示。

图 5-61

字符串与 String 对象的不同之处在于返回的 typeof 值，前者返回的是 string 类型，后者返回的是 object 类型。

## 5.6.2 ┃ String 对象的 length 属性

length 属性用于获得当前字符串的长度。该字符串的长度为字符串中所有字符的个数，而不是字节数（一个英文字符占一个字节，一个中文字符占两个字节）。示例代码如图 5-62 所示。

```
1 var str=new String("JavaScript程序语言设计");
2 console.log(str.length)//输出结果16
```

图 5-62

【案例 5-16】 对《水浒传》人物姓名的长度进行分类。

其代码如图 5-63 所示。

```
1  // 步骤1: 准备《水浒传》人物姓名的数组
2  var shuiHuCharacters = [
3      "宋江", "卢俊义", "吴用", "公孙胜",
4      "关胜", "林冲", "秦明", "呼延灼",
5      "花荣", "柴进", "李应", "朱仝"
6  ];
7  // 步骤2: 创建一个对象来按字数分类名称
8  var charactersByLength = {};
9  // 步骤3: 使用for循环遍历人物姓名数组, 根据每个姓名的长度将其分配到相应的分类中
10 for (var i = 0; i < shuiHuCharacters.length; i++) {
11     var name = shuiHuCharacters[i];
12     var length = name.length;
13     // 如果这个长度的分类还不存在, 就创建一个数组
14     if (!charactersByLength[length]) {
15         charactersByLength[length] = [];
16     }
17     // 将姓名添加到对应长度的分类中
18     charactersByLength[length].push(name);
19 }
20 // 步骤4: 输出分类后的结果
21 console.log(charactersByLength);
```

图 5-63

运行结果如图 5-64 所示。

图 5-64

## 5.6.3 ▏String 对象的方法

在 String 对象中提供了很多处理字符串的方法，通过这些方法可以对字符串进行查找、截取、大小写转换、连接和拆分，以及格式化等操作。下面分别对这些方法进行讲解。

（1）charAt（index）：返回指定位置（index）的字符。示例代码如图 5-65 所示。

```
1 var str = "Hello, World!";
2 console.log(str.charAt(7)); // 输出: W
```

图 5-65

（2）concat（…strings）：将一个或多个字符串连接成一个新的字符串。示例代码如图 5-66 所示。

```
1 var str1 = "Hello, ";
2 var str2 = "World!";
3 console.log(str1.concat(str2)); // 输出: Hello, World!
```

图 5-66

（3）includes（searchString，position）：检查字符串是否包含指定的子串，可以指定搜索的起始位置。示例代码如图 5-67 所示。

```
1 var str = "Hello, World!";
2 console.log(str.includes("World")); // 输出: true
```

图 5-67

（4）indexOf（searchValue，fromIndex）：返回指定值在字符串中首次出现的索引，如果没有找到，则返回-1。可以指定搜索的起始位置。示例代码如图 5-68 所示。

```
1 var str = "Hello, World!";
2 console.log(str.indexOf("o")); // 输出: 4
```

图 5-68

（5）lastIndexOf（searchValue，fromIndex）：返回指定值在字符串中最后一次出现的索引，如果没有找到，则返回-1。可以指定搜索的起始位置，搜索方向从后向前。示例代码如图 5-69 所示。

```
1 var str = "Hello, World!";
2 console.log(str.lastIndexOf("o")); // 输出: 8
```

图 5-69

（6）repeat(count)：返回一个新字符串，表示将原字符串重复指定次数。示例代码如图 5-70 所示。

```
1 var str = "Hello ";
2 console.log(str.repeat(3)); // 输出: Hello Hello Hello
```

图 5-70

（7）replace（searchFor，replaceWith）：替换与 searchFor 匹配的第一个子串。searchFor 可以是字符串或正则表达式，replaceWith 可以是字符串或一个函数。示例代码如图 5-71 所示。

```
1 var str = "Hello, World!";
2 console.log(str.replace("World", "JavaScript")); // 输出: Hello, JavaScript!
```

图 5-71

（8）slice(beginIndex，endIndex)：提取字符串的一部分，并返回新的字符串，不影响原字符串。示例代码如图 5-72 所示。

```
1 var str = "Hello, World!";
2 console.log(str.slice(7, 12)); // 输出: World
```

图 5-72

（9） split（separator，limit）：根据分隔符将字符串分割成数组，separator 可以是字符串或正则表达式；limit 是一个可选参数，指定返回数组的最大长度。示例代码如图 5-73 所示。

```
1 var str = "Hello, World!";
2 var words = str.split(", ");
3 console.log(words); // 输出: ["Hello", "World!"]
```

图 5-73

（10） startsWith（searchString，position）：检查字符串是否以指定的子串开始。示例代码如图 5-74 所示。

```
1 var str = "Hello, World!";
2 console.log(str.startsWith("Hello")); // 输出: true
```

图 5-74

（11） substring（startIndex，endIndex）：返回字符串的指定部分，与 slice 类似，但不接受负索引。示例代码如图 5-75 所示。

```
1 var str = "Hello, World!";
2 console.log(str.substring(7, 12)); // 输出: World
```

图 5-75

（12） toLowerCase（）和 toUpperCase（）：将字符串转换为小写或大写。示例代码如图 5-76 所示。

```
1 var str = "Hello, World!";
2 console.log(str.toLowerCase()); // 输出: hello, world!
3 console.log(str.toUpperCase()); // 输出: HELLO, WORLD!
```

图 5-76

（13） trim（），trimStart（）/trimLeft（），trimEnd（）/trimRight（）：删除字符串两端的空格、字符串开始处的空格或字符串末尾的空格。示例代码如图 5-77 所示。

```
1 var str = "   Hello, World!   ";
2 console.log(str.trim()); // 输出: "Hello, World!"
3 console.log(str.trimStart()); // 输出: "Hello, World!   "
4 console.log(str.trimEnd()); // 输出: "   Hello, World!"
```

图 5-77

# 本 章 小 结

本章首先介绍了对象的基本概念；然后介绍了如何自定义对象，如何使用内置对象，并通过日期对象实现倒计时功能，通过数组对象实现数组排序，根据索引检索元素，以及删除数组中的重复元素，使用字符串对象提供的方法实现字符串截取、替换等。通过本章的学习，读者应能够通过内置对象完成实际开发需求。

# 课后练习

**一、选择题**

1. 关于 JavaScript 对象，下列说法错误的是（　　）。

A. 对象是属性和方法的集合

B. 对象的属性只能是基本数据类型

C. 可以通过对象的属性访问和修改对象的状态

D. 可以通过构造函数创建对象

2. （　　）方法可以判定一个变量是否为数组。

A. isArray

B. Array. isArray

C. Array. is

D. typeof array

3. 关于 Math 对象，下列说法正确的是（　　）。

A. Math 对象可以实例化

B. Math 对象用于处理日期和时间

C. Math 对象的属性和方法都是静态的

D. Math 对象是 JavaScript 的全局对象

4. 下列方式不能用来创建对象的是（　　）。

A. 对象字面量

B. 构造函数

C. JSON. parse( )

D. Math. random( )

5. JavaScript 中，for...in 循环主要用于遍历（　　）

A. 数组元素

B. 对象的属性

C. 字符串的字符

D. 数字

6. 以下关于 Date 对象的说法正确的是（　　）。

A. Date 对象表示特定的时刻

B. Date 对象只能用字符串创建

C. Date 对象不能获取当前时间

D. Date 对象没有方法可以修改时间

7. （　　）方法可以删除对象的属性。

A. delete

B. Remove

C. destroy

D. eliminate

8. 关于数组，下列说法正确的是（　　）。

A. 数组只能存储相同类型的数据

B. 数组的长度是固定的

C. 数组是对象的一种特殊形式

D. 数组不能嵌套其他数组

9. 使用（　　）方法可以将数组转换为字符串。

A. join

B. split

C. concat

D. replace

10. 关于 String 对象的说法错误的是（　　）。

A. String 对象是字符的集合

B. String 对象的方法可以修改原字符串

C. 可以通过字符串字面量创建 String 对象

D. String 对象具有 length 属性

## 二、判断题

1. 在 JavaScript 中，对象的属性可以是方法。（　　　）

2. 遍历对象属性时，属性的顺序总是按对象定义时的顺序。（　　　）

3. Date 对象提供的方法可以修改日期和时间。（　　　）

4. 通过 push( ) 方法可以在数组的开头添加元素。（　　　）

5. JavaScript 中数组可以存储不同类型的数据。（　　　）

6. String 对象的 length 属性返回字符串的长度。（　　　）

7. Math. max( ) 方法可以返回一组数中的最大值。（　　　）

8. 对象字面量是创建对象的唯一方式。（　　　）

9. splice( ) 方法既可以删除数组元素，也可以添加数组元素。（　　　）

10. new Date( ) 创建的对象表示当前日期和时间。（　　　）

## 三、填空题

1. 在 JavaScript 中，创建对象的常见方式有对象字面量创建方式、＿＿＿＿＿＿＿和＿＿＿＿＿＿＿。

2. 访问对象中的属性可以通过＿＿＿＿＿＿＿操作符或＿＿＿＿＿＿＿操作符实现。

3. 要获取当前日期和时间，可以使用＿＿＿＿＿＿＿对象。

4. Math. random( ) 方法返回一个范围在＿＿＿＿＿＿＿之间的随机数。

5. 使用＿＿＿＿＿＿＿方法可以删除对象的属性。

6. Array. isArray( ) 方法用于检测一个变量是否为＿＿＿＿＿＿＿。

7. 通过 Date. getFullYear( ) 方法可以获取日期的＿＿＿＿＿＿＿。

8. 在数组中添加元素，可以使用 push( ) 和＿＿＿＿＿＿＿方法。

9. 字符串的方法中，toUpperCase( ) 方法用于将字符串转换为＿＿＿＿＿＿＿。

10. 遍历对象的属性可以使用＿＿＿＿＿＿＿循环。

## 四、简答题

1. 简述如何创建一个包含 3 个属性的对象，并给出代码示例。

2. JavaScript 中 Math. floor( ) 和 Math. ceil( ) 方法有何区别？请举例说明。

3. 请解释数组对象中的 splice( ) 方法及其常见用法。

4. 如何检测一个对象是否具有某个属性？请给出代码示例。

5. 使用 for...in 循环遍历对象属性时，需要注意哪些问题？

6. 如何将一个字符串转换为数组？请举例说明。

7. 简述 Date 对象的用途，并给出获取当前时间的代码示例。

8. 请解释 JavaScript 中的对象属性描述符及其作用。

9. 如何将数组进行排序？请写出相应的代码示例。

第六章

# DOM 对象模型

➤ 掌握什么是 DOM，能够说出 DOM 中文档、元素和节点的关系；
➤ 掌握节点的概念及节点的层级关系；
➤ 掌握获取元素的方法；
➤ 掌握事件的使用方法；
➤ 掌握操作元素内容、样式、属性的方法；
➤ 掌握操作节点的方法。

➤ DOM 作为 W3C 推荐的标准编程接口，自从 1998 年发布规范之后，经历了多个版本的迭代。这体现了标准化和统一性的重要性，可以引导学生认识到在学习和工作中，遵循统一的标准和规范对于提高效率和质量的重要性。

➤ DOM 将文档表示为一个结构化的树形结构，每个节点代表文档中的一个对象。这种结构化的表示方式有助于培养学生的结构化思维，使他们在面对复杂问题时能够有条理地进行分析和解决。

➤ 学生可以通过编写 JavaScript 代码动态地访问、修改、添加或删除文档的各个部分。这有助于培养学生的实践能力和创新能力，使他们在实践中不断探索和发现新的可能性。

➤ 使用 DOM 技术时需要考虑到其对社会和公众的影响。例如，避免使用恶意代码、保护用户隐私等。可以引导学生认识到作为一个 Web 开发者所承担的社会责任和公民意识，并增强他们遵守法律法规和道德规范的意识。

## 6.1 DOM 文档对象模型

视频讲解

document 对象代表浏览器窗口中的文档，该对象是 window 对象的子对象。由于

window 对象是 DOM 对象模型中的默认对象，因此其方法和子对象不需要使用 Window 来引用。通过 document 对象可以访问 HTML 文档中的任何 HTML 标记，并可以动态地改变 HTML 标记中的内容，如表单、图像、表格和超链接等。

当网页被加载时，浏览器会创建页面的文档对象模型（document object model）。

DOM 是 HTML 的标准对象模型和编程接口。它定义了作为对象的 HTML 元素、所有 HTML 元素的属性、访问所有 HTML 元素的方法、所有 HTML 元素的事件。

换言之，DOM 是关于如何获取、更改、添加或删除 HTML 元素的标准。

DOM 文档的模型如图 6-1 所示。

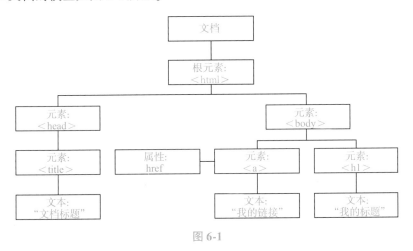

图 6-1

文档：一个页面就是一个文档，在 DOM 中使用 document 表示。

节点：网页中的所有内容，在文档树中都是节点（标签、属性、文本、注释等），用 node 表示。

标签节点：网页中的所有标签，通常称为元素节点，又简称为"元素"，使用 element 表示。

DOM 把以上内容都看作对象。

# 6.2　获取元素

## 6.2.1　根据 ID 属性获取元素

在 JavaScript 中，通过 ID 获取元素对象是一项非常基础且常用的操作。最常用的方法是使用 document. getElementById（）方法。这个方法接收一个字符串参数，该参数应该是用户想要获取的元素的 ID，然后返回对应的元素对象。如果找不到具有指定 ID 的元素，则返回 null。

视频讲解

【案例6-1】 根据 ID 属性获取元素。

代码如图 6-2 所示。

```html
1  <!DOCTYPE html>
2  <html>
3      <head>
4          <meta charset="utf-8" />
5          <title></title>
6      </head>
7      <body>
8          <div id="example">这是一个示例文本。</div>
9      </body>
10     <script type="text/javascript">
11         var elem = document.getElementById("example");
12         console.log(elem); // 输出: <div id="example">这是一个示例文本。</div>
13     </script>
14 </html>
```

图 6-2

运行结果如图 6-3 所示。

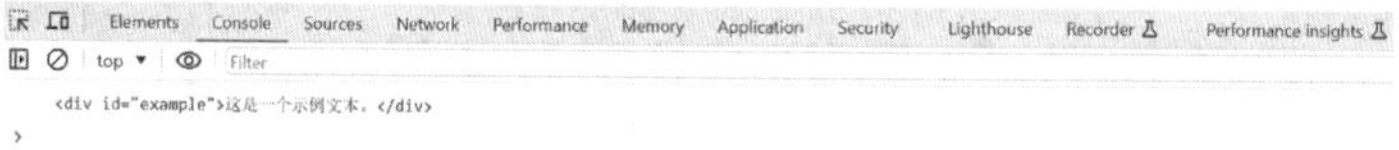

图 6-3

在这个例子中，document. getElementById（"example"）会返回一个代表上述<div>元素的对象。id 属性在一个 HTML 文档中应该是唯一的，在整个文档中不应该有两个元素具有相同的 id 值。document. getElementById() 可以准确地返回对应的元素。如果文档中存在多个相同的 ID，document. getElementById() 将只返回第一个匹配的元素。

## 6.2.2 根据标签名获取元素

在 JavaScript 中，根据标签名获取元素可以使用 document. getElementsByTagName() 方法。这个方法接收一个字符串参数，该参数是用户想要获取的元素的标签名，然后返回一个包含了所有匹配标签名元素的集合 HTMLcollection 。一个 HTMLcollection 是一个类数组对象，你可以像操作数组一样遍历它。但请注意，它并不是一个真正的数组。

【案例6-2】根据标签名获取元素。

代码如图 6-4 所示。

```html
1  <!DOCTYPE html>
2  <html>
3      <head>
4          <meta charset="UTF-8">
5          <title></title>
6      </head>
7      <body>
8          <p>段落1</p>
9          <p>段落2</p>
10         <p>段落3</p>
11     </body>
12     <script type="text/javascript">
13         var paragraphs = document.getElementsByTagName("p");
14         console.log(paragraphs.length); // 输出: 3, 假设页面上只有这三个<p>标签
15         for (var i = 0; i < paragraphs.length; i++) {
16             console.log(paragraphs[i].textContent); // 分别输出每个段落的文本内容
17         }
18     </script>
19 </html>
```

图 6-4

运行结果如图 6-5 所示。

图 6-5

在这个例子中，document. getElementsByTagName（"p"）会返回一个包含所有匹配标签名<p>的元素集合 HTMLcollection。通过遍历这个集合，你可以访问每个元素并对其进行操作，如读取或修改其内容。getElementsByTagName（）返回的是一个实时的 HTMLcollection，这意味着如果后续文档中的相应元素发生变化（比如添加或删除了符合条件的元素），返回的集合也会自动更新以反映这些变化。

## 6.2.3 根据 name 属性获取元素

在 JavaScript 中，根据元素的 name 属性获取元素可以使用 document. getElementsByName（）方法。这个方法接收一个字符串参数，即你想要查找的元素的 name 属性值，然后返回一个包含所有具有指定 name 属性值的元素的 NodeList。与 HTMLcollection 类似，NodeList 也是一个类数组对象，可以通过索引访问其成员，并且使用 1ength 属性来获取其长度。

【案例 6-3】 根据 name 属性获取元素。

代码如图 6-6 所示。

```html
1 <!DOCTYPE html>
2 <html>
3     <head>
4         <meta charset="UTF-8">
5         <title></title>
6     </head>
7     <body>
8         <form action="" method="post">
9             <input type="text" name="userInput" value="第一个输入框">
10            <input type="text" name="userInput" value="第二个输入框">
11            <input type="text" name="userInput" value="第三个输入框">
12        </form>
13    </body>
14 <script type="text/javascript">
15        var inputs = document.getElementsByName("userInput");
16        console.log(inputs.length); // 输出: 3
17    for (var i = 0; i < inputs.length; i++) {
18        console.log(inputs[i].value); // 分别输出每个输入框的值
19    }
20 </script>
21 </html>
```

图 6-6

运行结果如图 6-7 所示。

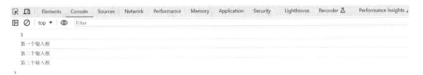

图 6-7

在这个例子中，document. getElementsByName（"userInput"）会返回一个包含所有 name 属性为 userInput 的元素的 NodeList。通过遍历这个集合，你可以访问并操作每个元素，如读取输入框的值。getElementsByName（）返回的 NodeList 不是实时的，这与 getElementsByTagName（）返回的 HTMLcollection 有所不同，如果后续文档中相应元素的 name 属性发生变化，返回的 NodeList 不会自动更新以反映这些变化。

## 6.2.4 根据类名属性获取元素

在 JavaScript 中，根据元素的类名获取元素可以使用 document. getElementsByClassName（）方法。这个方法接收一个字符串参数，即你想要查找的元素的类名，然后返回一个包含所有具有指定类名的元素的 HTMLcollection。与前面提到的 HTMLcollection 以及 NodeList 一样，这个返回的集合也是类数组对象，通过索引访问其成员，并使用 length 属性来确定集合的大小。

【案例 6-4】根据类名属性获取元素。

代码如图 6-8 所示。

```html
1 <!DOCTYPE html>
2 <html>
3     <head>
4         <meta charset="UTF-8">
5         <title></title>
6     </head>
7     <body>
8         <div class="example">第 个例子</div>
9         <div class="example">第二个例子</div>
10        <div class="example">第三个例子</div>
11    </body>
12    <script type="text/javascript">
13        var examples = document.getElementsByClassName("example");
14        console.log(examples.length); // 输出: 3
15        for (var i = 0; i < examples.length; i++) {
16            console.log(examples[i].textContent); // 分别输出每个<div>元素的文本内容
17        }
18    </script>
19 </html>
```

图 6-8

运行结果如图 6-9 所示。

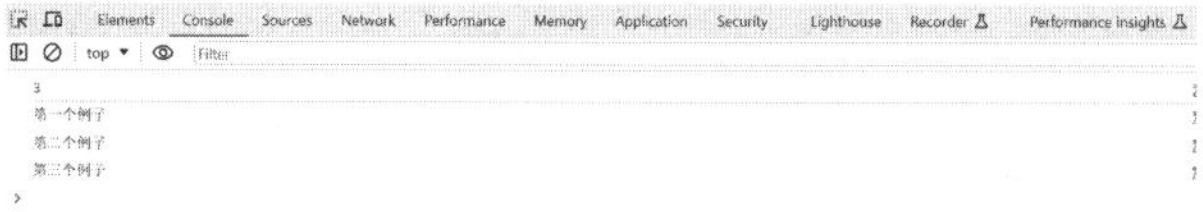

图 6-9

在这个例子中，document. getElementsByClassName（"example"）返回一个包含所有类名为 example 的元素的 HTMLcollection。通过遍历这个集合，你可以访问并操作每个元素，如读取或修改它们的文本内容。与 getElementsByTagName（）方法返回的集合一样，getElementsByClassName（）返回的 HTMLcollection 也是实时的。如果文档中的相应元素发生变化（比如添加或删除了符合条件的元素），返回的集合也会自动更新以反映这些变化。

## 6.2.5 ▎根据 CSS 属性获取元素

在 JavaScript 中，根据 CSS 选择器获取元素可以使用 document.querySelector() 和 document.querySelectorAll() 方法。这两个方法都接收一个字符串参数，即 CSS 选择器，用于指定要查找的元素。document.querySelector() 返回文档中第一个与指定选择器匹配的元素，而 document.querySelectorAll() 返回所有与指定选择器匹配的元素的一个 NodeList。

【案例 6-5】使用 querySelector() 获取元素。

代码如图 6-10 所示。

```
1  <!DOCTYPE html>
2  <html>
3      <head>
4          <title>简单博客</title>
5      </head>
6      <body>
7          <div class="blog-post">
8              <h2 class="post-title">文章标题一</h2>
9              <p>这是第一篇文章的内容。</p>
10         </div>
11         <div class="blog-post">
12             <h2 class="post-title">文章标题二</h2>
13             <p>这是第二篇文章的内容。</p>
14         </div>
15         <div class="blog-post">
16             <h2 class="post-title">文章标题三</h2>
17             <p>这是第三篇文章的内容。</p>
18         </div>
19     </body>
20     <script type="text/javascript">
21         // 获取第一篇博客文章的标题
22         var firstPostTitle = document.querySelector(".blog-post .post-title");
23         // 输出当前标题
24         console.log("当前标题: " + firstPostTitle.textContent);
25     </script>
26 </html>
```

图 6-10

运行结果如图 6-11 所示。

**文章标题一**

这是第一篇文章的内容。

**文章标题二**

这是第二篇文章的内容。

**文章标题三**

这是第三篇文章的内容。

当前标题: 文章标题一

图 6-11

在这个例子中，document. querySelector（". blog-post . post-title"）会选择页面上第一个 . blog-post 类内部的 . post-title 类的元素，即第一篇博客文章的标题。

【案例6-6】使用 querySelectorAll( ) 获取元素。

代码如图 6-12 所示。

```
1 <!DOCTYPE html>
2 <html>
3    <head>
4        <meta charset="UTF-8"/>
5        <title>卡片集合</title>
6    </head>
7    <body>
8        <div class="card">
9            <h3>卡片标题一</h3>
10           <p>这是卡片一的内容。</p>
11       </div>
12       <div class="card">
13           <h3>卡片标题二</h3>
14           <p>这是卡片二的内容。</p>
15       </div>
16       <div class="card">
17           <h3>卡片标题三</h3>
18           <p>这是卡片三的内容。</p>
19       </div>
20   </body>
21   <script type="text/javascript">
22       // 获取所有的卡片元素
23       var cards = document.querySelectorAll(".card");
24       console.log(cards);
25   </script>
26 </html>
```

图 6-12

运行结果如图 6-13 所示。

图 6-13

在这个例子中，document. querySelectorAll（". card"）会选择页面上所有 . card 类的元素，即所有卡片，这个示例展示了如何使用 document. querySelectorAll( ) 来获取页面上的一组元素。

### 6.2.6 ▍获取 HTML 基本结构元素

在 JavaScript 中，获取 HTML 文档的基本结构元素（如<html>、<head>、<body>等）可以直接通过 document 对象的特定属性来完成。这些属性提供了一种快捷的方式来访问这些常用元素，无须使用 querySelector()或 getElementById()之类的方法。

（1）获取<html>元素。语法格式如下：

```
var htmlElement = document. documentElement;
```

（2）获取<head>元素。语法格式如下：

```
var headElement = document. head;
```

（3）获取<body>元素。语法格式如下：

```
var bodyElement = document. body;
```

【案例 6-7】获取 HTML 基本结构。

代码如图 6-14 所示。

```
 1 <!DOCTYPE html>
 2 <html>
 3     <head>
 4         <meta charset="UTF-8"/>
 5         <title>卡片集合</title>
 6     </head>
 7     <body>
 8         <div class="card">
 9             <h3>卡片标题一</h3>
10             <p>这是卡片一的内容。</p>
11         </div>
12         <div class="card">
13             <h3>卡片标题二</h3>
14             <p>这是卡片二的内容。</p>
15         </div>
16         <div class="card">
17             <h3>卡片标题三</h3>
18             <p>这是卡片三的内容。</p>
19         </div>
20     </body>
21     <script type="text/javascript">
22         var htmlEle=document.documentElement;
23         var headEle=document.head;
24         var bodyEle=document.body
25     </script>
26 </html>
```

图 6-14

# 6.3　JavaScript 事件

视频讲解

JavaScript 是基于对象（Object-Based）的语言，其最基本的特征是采用了事件驱动（Event-Driven）。它可以使图形界面环境下的一切操作简单化。通常，鼠标或热键的动作被称为事件（Event）；由鼠标或热键引发的一连串程序动作被称为事件驱动；对事件进行处理的程序或函数被称为事件处理程序（Event Handler）。通过本节的学习，读者可以了解事件与事件处理的概念，并能掌握鼠标、键盘、页面表单等事件的处理技术，从而实现各种程序效果。

## 6.3.1 事件与事件处理概述

事件处理是对象化编程的一个很重要的环节，它可以使程序的逻辑结构更加清晰，以及使程序更具有灵活性，进而提高程序的开发效率。

事件处理过程分为 3 步：

（1）发生事件；

（2）启动事件处理程序；

（3）事件处理程序做出反应。

其中，要使事件处理程序启动，必须通过指定的对象来调用相应的事件，然后通过该事件调用事件处理程序。事件处理程序可以是任意的 JavaScript 语句，但一般用特定的自定义函数来对事件进行处理。

事件是一些可以通过脚本响应的页面动作。当用户按下鼠标键，提交一个表单，或者在页面上移动鼠标时，事件就会出现。事件处理是一段 JavaScript 代码，总是与页面的特定部分及一定的事件相关联。当与页面特定部分关联的事件发生时，事件处理器就会被调用。绝大多数事件的命名都是描述性的，很容易理解，如 click、submit、mouseover 等，通过名称就可以猜测其含义。但也有少数事件的名称不易被理解，如 blur，表示一个域或者一个表单失去焦点。通常，事件处理器的命名原则是在事件名称前加前缀 on，例如，对于 click 事件，其处理器名为 onclick。

## 6.3.2 常用事件

为了便于读者查找 JavaScript 中的常用事件，下面以表格的形式对各事件进行说明（见表 6-1）。

表 6-1

| 鼠标事件 | |
| --- | --- |
| 事件名称 | 描述 |
| click | 用户单击元素时触发 |
| dblclick | 用户双击元素时触发 |
| mousedown | 用户按下任意鼠标按钮时触发 |
| mouseup | 用户释放鼠标按钮时触发 |
| mousemove | 用户移动鼠标指针时触发 |
| mouseover | 用户的鼠标指针移入元素上方时触发 |

续表

| 鼠标事件 | |
|---|---|
| mouseout | 用户的鼠标指针移出元素上方时触发 |
| mouseenter | 用户的鼠标指针进入元素边界时触发 |
| mouseleave | 用户的鼠标指针离开元素边界时触发 |
| contextmenu | 用户在一个元素上单击鼠标右键打开上下文菜单时触发 |
| **键盘事件** | |
| keydown | 用户按下键盘按键时触发 |
| keypress | 用户按下键盘按键并产生一个字符时触发 |
| keyup | 用户释放键盘按键时触发 |
| **表单事件** | |
| change | 用户改变表单字段的内容时触发 |
| submit | 用户提交表单时触发 |
| reset | 表单重置按钮被单击时触发 |
| select | 用户选择文本（input 或 textarea）时触发 |
| **窗口事件** | |
| load | 页面或图像加载完成时触发 |
| unload | 用户离开页面时触发 |
| beforeunload | 页面开始卸载之前触发 |
| resize | 浏览器窗口大小改变时触发 |
| scroll | 用户滚动指定的元素时触发 |
| **焦点事件** | |
| focus | 元素获得焦点时触发 |
| blur | 元素失去焦点时触发 |

## 6.3.2 ▌事件执行的步骤

当在浏览器中发生事件（如用户单击按钮）时，JavaScript 按照以下步骤执行事件。

（1）事件触发：是指用户的行为（如单击、滚动、按键等）或浏览器操作，当某种条件满足（如页面加载完成）时触发事件。

（2）事件对象生成：当事件被触发时，浏览器创建了一个事件对象。这个对象包含了所有与事件相关的信息，如触发事件的元素（target）、事件类型（type，如"click"或"keydown"）、事件发生的时间，以及特定于事件类型的其他属性（如鼠标位置、按下哪个键等）。

（3）事件捕获阶段：事件从 document 对象开始，向下传递到目标元素的父级路线上的每个节点（从最外层的 <html> 开始，一直到目标元素的父元素）。每个节点都有机会在这个"捕获阶段"处理事件，只要在该节点上注册了在捕获阶段触发的事件监听器。

（4）目标阶段：事件到达目标元素（实际触发事件的元素），此时可以执行该元素上绑定的事件处理器。如果有多个处理器绑定到了目标元素上，则会按照它们被添加的顺序执行。

（5）事件冒泡阶段：事件从目标元素向上冒泡，直到 document 对象。类似于捕获阶段，每个父元素都有机会处理事件，只要在该元素上注册了在冒泡阶段触发的事件监听器。

（6）事件处理：当事件到达特定节点时，绑定到该节点的事件处理器被调用。事件处理器是 JavaScript 函数，它可能会进行修改 DOM、弹出警告框、提交表单等操作。事件处理器可以访问与该事件相关的所有信息，包括传递给事件处理器的事件对象。

（7）默认行为：某些事件有默认行为，如单击链接将打开新页面。如果事件处理函数调用了 event. preventDefault（）方法，这个默认行为将会被取消。如果没有调用，则在所有事件处理器执行完毕后，浏览器将执行默认行为。

## 6.3.4 注册事件

给元素添加事件，称为注册事件或者绑定事件。

注册事件有两种方法：传统方法和监听注册方法。

### 1. 传统方法注册事件

直接在 JavaScript 代码或者 HTML 属性中指定事件处理函数。这种方法简单，但是有一些局限，包括它只允许为每个事件注册一个处理器，以及它的作用域问题。

【案例 6-8】HTML 中直接注册事件的例子。

代码如图 6-15 所示。

```
1 <!DOCTYPE html>
2 <html>
3     <head>
4         <meta charset="UTF-8">
5         <title>单击</title>
6     </head>
7     <body>
8         <button onclick="alert('Hello, World!')">单击事件</button>
9     </body>
10 </html>
```

图 6-15

运行结果如图 6-16 所示。

图 6-16

当用户单击按钮时，会弹出"Hello，World！"消息。

【案例 6-9】在 JavaScript 中注册事件。

代码如图 6-17 所示。

```
1  <!DOCTYPE html>
2  <html>
3      <head>
4          <meta charset="UTF-8">
5          <title></title>
6      </head>
7      <body>
8          <button id="myButton">单击我一下</button>
9      </body>
10  <script type="text/javascript">
11          var button = document.getElementById('myButton');
12          button.onclick = function() {
13              alert('Hello, World!');
14          };
15  </script>
16  </html>
```

图 6-17

运行结果如图 6-18 所示。

图 6-18

选取了一个 ID 为 myButton 的按钮，并为其 onclick 事件赋值一个匿名函数。当按钮被单击时，将会执行该函数，从而弹出"Hello，World！"消息。

传统方法注册事件的局限性如下。

（1）覆盖事件处理器：由于每个事件只能绑定一个事件处理器，如果是为同一个元素、同一事件类型注册多个处理器，那么新的处理器将会覆盖旧的处理器。

（2）移除事件处理器：这种方法也使得移除事件处理器变得复杂，因为需要保持对原始函数的引用。

**2. 监听注册事件**

在 JavaScript 中采用监听器（事件监听器）注册事件，通常使用 addEventListener( )方法。这是一种标准的方式，允许向任何 DOM 元素添加一个或多个事件的监听。这种方法可以为元素绑定事件处理函数，而无须改动 HTML 代码，实现了 JavaScript 与 HTML 的分离。基本语法格式如下：

element. addEventListener(event, function, useCapture);

代码说明：

element 是需要添加监听器的 DOM 元素。

event 是要监听事件的名称（不包括"on"），如 click、mouseover 等。

function 是当事件发生时，希望被调用的函数。

useCapture 是一个可选参数，其默认值为 false。当值为 true 时，表示在捕获阶段处理事件；当值为 false 时，表示在冒泡阶段处理事件。

【案例 6-10】监听注册事件。

代码如图 6-19 所示。

```
1  <!DOCTYPE html>
2  <html>
3      <head>
4          <meta charset="UTF-8">
5          <title></title>
6      </head>
7      <body>
8          <button class="myButton">普通按钮</button>
9      </body>
10     <script type="text/javascript">
11         var but1=document.querySelector(".myButton");
12         but1.addEventListener('click', function() {
13             alert('普通按钮被单击');
14         });
15     </script>
16 </html>
```

图 6-19

运行结果如图 6-20 所示。

图 6-20

【案例 6-11】用户注册（见图 6-21）。

图 6-21

（1）表单结构的代码如图 6-22 所示。

```
63  <body>
64      <form id="myForm" action="/submit-form-endpoint" method="post">
65          <h2>用户注册</h2>
66          <!-- 名字字段 -->
67          <label for="name">Name</label>
68          <input type="text" id="name" name="name" required>
69          <!-- 电子邮箱字段 -->
70          <label for="email">Email</label>
71          <input type="email" id="email" name="email" required>
72          <!-- 密码字段 -->
73          <label for="password">Password</label>
74          <input type="password" id="password" name="password" required>
75          <!-- 提交按钮 -->
76          <input type="submit" value="Submit">
77      </form>
78      <!-- 表单结束 -->
79  </body>
```

图 6-22

（2）CSS 样式的代码如图 6-23 所示。

```
7   <style type="text/css">
8       body {
9           font-family: Arial, sans-serif;
10          background-color: #f7f7f7;
11          margin: 0;
12          padding: 0;
13          display: flex;
14          justify-content: center;
15          align-items: center;
16          height: 100vh;
17      }
18
19      form {
20          background-color: white;
21          padding: 20px;
22          border-radius: 5px;
23          box-shadow: 0 0 10px rgba(0, 0, 0, 0.1);
24          width: 300px;
25      }
26      h2 {
27          text-align: center;
28      }
29
30      label {
31          display: block;
32          margin-top: 10px;
33      }
34      input[type=text],
35      input[type=email],
36      input[type=password] {
37          width: 100%;
38          padding: 10px;
39          margin-top: 5px;
40          margin-bottom: 20px;
41          border: 1px solid #ddd;
42          border-radius: 5px;
43          box-sizing: border-box;
44      }
```

图 6-23

```
45      input[type=submit] {
46          width: 100%;
47          padding: 10px;
48          border: none;
49          background-color: #5fbae9;
50          color: white;
51          border-radius: 5px;
52          cursor: pointer;
53          transition: background-color 0.3s ease;
54      }
55      input[type=submit]:hover {
56          background-color: #3a94d6;
57      }
58  </style>
```

续图 6-23

（3）JavaSaript 的代码如图 6-24 所示。

```
76   <script type="text/javascript">
77       document.querySelector('#myForm').addEventListener('submit', function(event) {
78           alert("提交表单")
79       });
80   </script>
```

图 6-24

图 6-24 中代码第 77 行获取 ID 名为 myForm 的元素并添加事件监听。运行结果如图 6-25 所示。

图 6-25

当给同一个元素注册多个相同事件的监听器时，它们会根据添加顺序依次执行。

当使用 addEventListener（）方法时，请确保 DOM 元素已被加载。这可以通过将 JavaScript 代码放在<body>标签的底部或使用 DOMContentLoaded 事件来实现。

## 6.3.5 移除事件监听器

如果添加了事件监听器，可以使用 removeEventListener（）方法进行移除。但是，必须把需要移除的事件监听器的函数引用作为参数传递给 removeEventListener（）方法。

注意：不能使用匿名函数作为事件处理函数。语法格式如图 6-26 所示。

```
function myClickFunction() {
  alert('Button clicked!');
}

document.querySelector('#myButton').addEventListener('click', myClickFunction);
// 移除事件监听
document.querySelector('#myButton').removeEventListener('click', myClickFunction);
```

图 6-26

## 6.3.6 ▏ DOM 事件流

在 JavaScript 中，DOM 事件流描述了从文档根节点到目标节点的事件传递方式，然后再回传的过程。DOM 事件流的这种机制使得开发者能够在事件到达目标元素前后对事件做出响应。DOM 事件流分为以下三个阶段（见图 6-27）。

（1）事件捕获阶段（capturing phase）：事件从文档根节点开始传递下去，直到它到达目标元素的父节点。在这一阶段，事件是沿 DOM 树向下传播的。事件的目的是到达目标元素，但在到达目标之前，它会首先经过祖先元素。在这一阶段，事件处理程序可以捕获到即将处理的事件，但这需要将事件监听器的第三个参数设置为 true（表示在捕获阶段触发该监听器）

（2）事件目标阶段（target phase）：事件到达目标元素，此时可以直接对事件进行处理。在这一阶段，事件不再向下传播，它"到达"了其目标。事件监听器可以直接绑定在目标元素上，这些监听器的第三个参数设置为 false 或不设置，默认情况下会在这个阶段触发。

（3）事件冒泡阶段（bubbling phase）：事件从目标元素开始向上传递，直到文档的根节点。在这一阶段，事件是沿 DOM 树向上冒泡的。与捕获阶段相反，冒泡让事件从目标元素开始向上通过祖先元素传播，除非明确地停止事件传播，例如，通过调用 event. stopPropagation（）。在默认情况下，大多数事件处理程序都是在这个阶段被注册和触发的。

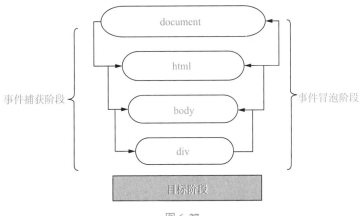

图 6-27

【案例 6-12】 DOM 事件流。

代码如图 6-28 （a）所示；运行结果如图 6-28 （b）所示。

```
1  <!DOCTYPE html>
2  <html>
3      <head>
4          <meta charset="UTF-8">
5          <title>DOM事件流</title>
6      </head>
7      <body>
8          <div >
9              <button id="myButton">单击事件</button>
10         </div>
11     </body>
10  <script type="text/javascript">
11      // 捕获阶段的监听器
12      document.body.addEventListener('click', function() {
13        console.log('body捕获');
14      }, true);
15      // 注意true表示在捕获阶段触发
16      document.querySelector('div').addEventListener('click', function() {
17        console.log('div捕获');
18      }, true);
19
20      // 目标元素上的监听器
21      document.getElementById('myButton').addEventListener('click', function() {
22        console.log('按钮点击');
23      }); // 缺省值false，因此在冒泡阶段触发
24
25      // 冒泡阶段的监听器
26      document.querySelector('div').addEventListener('click', function() {
27        console.log('div冒泡');
28      });
29      document.body.addEventListener('click', function() {
30        console.log('body冒泡');
31      }); // 缺省值是false，因此在冒泡阶段触发
32  </script>
33 </html>
```

（a）

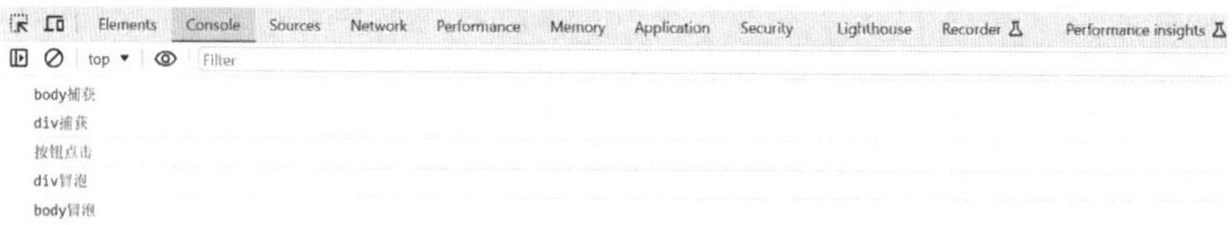

（b）

图 6-28

在这个例子中，如果用户单击按钮，控制台输出的信息将展示完成的事件流，依次是：body 捕获、div 捕获、按钮点击、div 冒泡、body 冒泡。这充分演示了事件从捕获阶段到冒泡阶段的完整流程。

## 6.3.7 事件对象

### 1. 事件对象的概述

事件对象是一个包含特定于事件详细信息的对象，它在事件触发时由浏览器自动创建并传递给与该事件关联的事件处理函数。这个对象提供了对事件本身的引用，允许开发者获取关于事件的信息，如单击的鼠标位置、按下的键盘按键、事件的目标元

素等，以及控制事件行为的方法，如阻止事件的默认行为或停止事件进一步传播。

事件对象的类型依赖于特定的事件。例如，如果事件是由鼠标动作引发的，则该对象会是 MouseEvent 类的一个实例；如果是键盘动作，则会是 KeyboardEvent 类的一个实例。不同类型的事件对象包含共有的属性和方法（如 type、target、stopPropagation 和 preventDefault），以及一些只有在特定类型事件时才可用的额外属性和方法。

**2. 事件对象的属性和方法**

事件对象内部有多种属性和方法，用于提供事件的详细信息并对事件进行操作。下面讲述一些常见的属性和方法。

（1）常见属性。

type：一个字符串，表示了事件的类型（如 "click" "keydown" 等）。

target：事件最初发生的 DOM 元素。

currentTarget：当前正在处理该事件的事件监听器所绑定的 DOM 元素。当事件冒泡或捕获时，这个值会变化。

eventPhase：表示事件流的当前阶段，即捕获阶段、目标阶段或者冒泡阶段。

bubbles：一个布尔值，表示事件是否会在 DOM 中冒泡。

cancelable：一个布尔值，表示是否可以取消事件的默认行为。

defaultPrevented：一个布尔值，表示是否已经调用了 preventDefault（）方法。

timeStamp：事件发生的时间（从文档加载开始计算的毫秒数）。

（2）鼠标事件属性（MouseEvent）。

clientX/clientY：光标相对于浏览器视口的水平和垂直坐标。

offsetX/offsetY：光标相对于触发事件的元素的内边距区域的水平和垂直坐标。

button：哪个鼠标按钮被单击了（如左键是 0，中键是 1，右键是 2）。

buttons：按住了哪些鼠标按钮。

relatedTarget：根据事件类型，可能是离开的元素（对于 mouseout 事件）或是即将进入的元素（对于 mouseover 事件）。

（3）键盘事件属性（KeyboardEvent）。

key：按下的键的值。

keyCode：按下的键的代码。

ctrlKey：一个布尔值，如果按下了控制键，则为 true。

shiftKey：一个布尔值，如果按下了 Shift 键，则为 true。

altKey：一个布尔值，如果按下了 Alt 键，则为 true。

（4）事件对象的方法。

preventDefault（）：如果事件是 cancelable 的，则取消事件的默认动作。

stopPropagation（）：阻止事件冒泡到父元素，不会再触发父元素上的事件监听器。

stopImmediatePropagation（）：具有与 stopPropagation（）同样的功能，但是此外还会阻止当前元素上其他事件监听器被触发。

composedPath（）：返回一个包含当前事件流中所有 DOM 节点的数组。

【案例 6-13】 阻止链接默认导航行为。

展示如何在用户单击链接时阻止浏览器跳转到指定的 URL，这里可以在单击链接后执行一些其他逻辑，比如动态加载内容而不是直接导航到页面。

代码如图 6-29 所示。

```
1  <!DOCTYPE html>
2  <html>
3      <head>
4          <meta charset="UTF-8">
5          <title>阻止链接默认事件</title>
6      </head>
7      <body>
8          <a href="https://www.baidu.com" id="myLink">百度一下</a>
9      </body>
10     <script type="text/javascript">
11         document.getElementById('myLink').addEventListener('click', function(event) {
12             event.preventDefault(); // 阻止跳转行为
13             console.log('阻止跳转行为');
14             // 在这里实现其他逻辑。
15         });
16     </script>
17 </html>
```

图 6-29

【案例 6-14】 阻止表单默认提交行为。

展示如何在提交表单时防止页面刷新，这通常用于当表单应通过 AJAX 异步提交时。

代码如图 6-30 所示。

```
1  <!DOCTYPE html>
2  <html>
3      <head>
4          <meta charset="UTF-8">
5          <title>阻止表单默认提交行为</title>
6      </head>
7      <body>
8          <form id="myForm">
9              <input type="text" placeholder="姓名">
10             <button type="submit">Submit</button>
11         </form>
12     </body>
13     <script type="text/javascript">
14         document.getElementById('myForm').addEventListener('submit', function(event) {
15             event.preventDefault(); // 阻止表单的默认行为
16             console.log('阻止表单默认提交行为');
17             // 实现自定义的表单提交逻辑，如使用AJAX发送数据
18         });
19     </script>
20 </html>
```

图 6-30

## 6.3.8 鼠标事件

JavaScript 的鼠标事件提供了网页与用户交互的方式，可以用来处理用户通过鼠标执行的各种动作。了解不同鼠标事件的特点和用法，可以帮助创建更加动态和互动的网页应用。下面讲述一些常见的 JavaScript 鼠标事件和它们的详细描述。

**1. click**

描述：用户单击鼠标时触发。

应用：按钮单击、选项选择。

语法格式如下：

```
element. addEventListener(' click' , function(event) {
    //处理单击事件
});
```

### 2. dblclick

描述：用户双击鼠标时触发。

应用：特别需要区分单击和双击时使用。

语法格式如下：

```
element. addEventListener(' dblclick' , function(event) {
    //处理双击事件
});
```

### 3. mousedown 和 mouseup

描述：mousedown 为当用户按下鼠标按钮时触发；mouseup 为当用户释放鼠标按钮时触发。

应用：可以用来检测鼠标按键的按下和释放，经常在制作拖曳功能时使用。

语法格式如下：

```
element. addEventListener(' mousedown' , function(event) {
    //处理鼠标按键按下
});
element. addEventListener(' mouseup' , function(event) {
    //处理鼠标按键释放
});
```

### 4. mousemove

描述：鼠标在元素上移动时连续触发。

应用：追踪鼠标位置，制作绘画应用或鼠标跟踪效果。

语法格式如下：

```
element. addEventListener(' mousemove' , function(event) {
    //处理鼠标移动
});
```

### 5. mouseover 和 mouseout

描述：mouseover 为当鼠标指针移入元素或其子元素上时触发；mouseout 为当鼠标指针移出元素或其子元素时触发。

应用：用于实现工具提示或当鼠标悬停在元素上时改变元素的样式。

语法格式如下：

```
element. addEventListener(' mouseover' , function(event) {
    //处理鼠标悬停
});
element. addEventListener(' mouseout' , function(event) {
```

```
    //处理鼠标离开
});
```

### 6. mouseenter 和 mouseleave

描述：mouseenter 为当鼠标指针进入元素时触发，而不考虑其子元素；mouseleave 为当鼠标指针离开元素时触发，而不考虑其子元素。

应用：非冒泡的 mouseover 和 mouseout 事件，常用于复杂界面中当需要处理元素自身事件而忽略子元素的情形

语法格式如下：

```
element. addEventListener(' mouseenter' , function(event) {
    //处理鼠标进入元素
});
element. addEventListener(' mouseleave' , function(event) {
    //处理鼠标离开元素
});
```

### 7. contextmenu

描述：当用户尝试打开上下文菜单（通常通过右击）时触发。

应用：自定义网页上的右键菜单。

语法格式如下：

```
element. addEventListener(' contextmenu' , function(event) {
    //处理上下文菜单事件
    event. preventDefault(); //阻止默认的上下文菜单
});
```

【案例 6-15】鼠标事件。

代码如图 6-31 所示。

```
 1 <!DOCTYPE html>
 2 <html>
 3     <head>
 4         <meta charset="UTF-8">
 5         <title>鼠标事件</title>
 6     </head>
 7     <style type="text/css">
 8         #draggable {
 9             width: 150px;
10             height: 150px;
11             background: #3498db;
12             color: white;
13             line-height: 150px;
14             text-align: center;
15             position: absolute;
16             cursor: move;
17         }
18     </style>
```

图 6-31

```
19    <body>
20        <div id="draggable">拖曳我</div>
21    </body>
22    <script type="text/javascript">
23            // 获取可拖动元素的引用
24            var draggable = document.getElementById('draggable');
25
26            // 变量用于判断元素是否正在被拖动
27            var active = false;
28            // 用来存储鼠标的位置
29            var currentX;
30            var currentY;
31            // 鼠标拖动开始时的初始位置
32            var initialX;
33            var initialY;
34            // X & Y 偏移量
35            var xOffset = 0;
36            var yOffset = 0;
37
38        // 开始拖曳的函数
39        function dragStart(e) {
40            // 判断是否是触摸事件，并且设置初始坐标
41            if (e.type === "touchstart") {
42                initialX = e.touches[0].clientX - xOffset;
43                initialY = e.touches[0].clientY - yOffset;
44            } else {
45                // 否则是鼠标事件，设置初始坐标
46                initialX = e.clientX - xOffset;
47                initialY = e.clientY - yOffset;
48            }
49
50            // 确保是绑定事件的元素触发了拖曳操作
51            if (e.target === draggable) {
52                active = true;
53            }
54        }
55
56        // 结束拖曳的函数
57        function dragEnd(e) {
58            // 最终坐标变为当前坐标，拖曳完成
59            initialX = currentX;
60            initialY = currentY;
61            // 禁用活动状态
62            active = false;
63        }
64
65        // 拖曳进行中的函数
66        function drag(e) {
67            if (active) {
68
69                e.preventDefault(); // 防止默认事件发生，比如选中文本等
70
71                // 如果是触摸事件，更新当前位置坐标
72                if (e.type === "touchmove") {
73                    currentX = e.touches[0].clientX - initialX;
74                    currentY = e.touches[0].clientY - initialY;
75                } else {
76                    // 如果是鼠标事件，更新位置坐标
77                    currentX = e.clientX - initialX;
78                    currentY = e.clientY - initialY;
79                }
80
81                // 更新偏移值
82                xOffset = currentX;
83                yOffset = currentY;
84
```

图 6-31 （续图）

```
85              // 调用函数来移动元素
86              setTranslate(currentX, currentY, draggable);
87          }
88      }
89
90      // 移动元素的函数，使用transform属性来设置元素的位置
91      function setTranslate(xPos, yPos, el) {
92          el.style.transform = "translate3d(" + xPos + "px, " + yPos + "px, 0)";
93      }
94
95      // 绑定相关事件：鼠标按下，鼠标释放，鼠标移动到可拖曳元素
96      draggable.addEventListener("mousedown", dragStart, false);
97      draggable.addEventListener("mouseup", dragEnd, false);
98      draggable.addEventListener("mousemove", drag, false);
99
100     // 为了兼容触摸设备，绑定触摸事件
101     draggable.addEventListener("touchstart", dragStart, false);
102     draggable.addEventListener("touchend", dragEnd, false);
103     draggable.addEventListener("touchmove", drag, false);
104     </script>
105 </html>
106
```

图 6-31 （续图）

# 6.4 操作元素

## 6.4.1 ▎操作元素内容

在 JavaScript 中，修改 HTML 元素的内容通常涉及以下属性或方法。

innerHTML：设置或获取 HTML 元素的 HTML 内容。

textContent：设置或获取 HTML 元素的文本内容，不包括任何 HTML 标签。

视频讲解

innerText（不推荐使用）：类似于 textContent，但由于浏览器兼容性和性能问题，建议使用 textContent。

【案例 6-16】简单问答应用程序。

代码如图 6-32 所示。

```
1  <!DOCTYPE html>
2  <html>
3      <head>
4          <meta charset="UTF-8"/>
5          <meta name="viewport" content="width=device-width, initial-scale=1.0">
6          <title>简易问答应用</title>
7          <link rel="stylesheet" type="text/css" href="css/answer.css"/>
8      </head>
9      <body>
10         <div>
11             <label for="question">请输入你的问题：</label>
12             <input type="text" id="question" />
13             <button id="askButton">提问</button>
14         </div>
15         <div id="answerSection">
16             <p id="answer"></p>
17         </div>
18     </body>
```

图 6-32

```
19    <script type="text/javascript">
20        // 获取元素
21        var questionInput = document.getElementById('question');
22        var askButton = document.getElementById('askButton');
23        var answerParagraph = document.getElementById('answer');
24
25        // 一个模拟的"答案库"，其中包含问题和答案的映射
26        var answers = {
27            "你好吗？": "我很好，谢谢。",
28            "你是谁？": "我是一个帅气的大学生。",
29            "今天天气怎么样？": "今天的天气很好，适合室外活动",
30            // 添加更多的问答对...
31        };
32
33        // 设置按钮单击事件的处理函数
34        askButton.addEventListener('click', function() {
35            // 获取用户输入的问题
36            var question = questionInput.value.trim();
37
38            // 如果问题为空，给出提示并返回
39            if (question === '') {
40                answerParagraph.textContent = '请输入一个问题。';
41                return;
42            }
43
44            // 查找问题的答案，如果找不到则给出默认回复
45            var answer = answers[question] || "很抱歉，我不知道如何回答这个问题。";
46
47            // 将答案显示在页面上
48            answerParagraph.textContent = answer;
49        });
50    </script>
51 </html>
```

图 6-32（续图）

运行结果如图 6-33 所示。

图 6-33

【案例 6-17】获取系统时间。

代码如图 6-34 所示。

```
1  <!DOCTYPE html>
2  <html>
3      <head>
4          <meta charset="UTF-8">
5          <title>获取系统时间</title>
6          <link rel="stylesheet" type="text/css" href="css/【案例6-14】获取系统时间.css"/>
7      </head>
8      <body>
9          <div id="time">单击按钮获取格式化的当前时间</div>
10         <button onclick="updateTime()">获取时间</button>
11     </body>
12     <script type="text/javascript">
13             // 用于在个位数前补充零
14         function padZero(value) {
15             return value.toString().padStart(2, '0');
16         //padStart() 是一个字符串方法,
17         //用于在当前字符串的开始处填充一些字符,直到字符串达到指定的长度
18         }
19
20         function updateTime() {
21             const now = new Date();
22             const year = now.getFullYear();
23             const month = padZero(now.getMonth() + 1);
24             const day = padZero(now.getDate());
25             const hours = padZero(now.getHours());
26             const minutes = padZero(now.getMinutes());
27             const seconds = padZero(now.getSeconds());
28
29             // 使用传统的字符串拼接
30             const formattedTime = "<strong>当前时间是: </strong>"
31             +year + '-' + month + '-' + day + ' ' + hours + ':'
32             + minutes + ':' + seconds;
33             document.getElementById('time').innerHTML = formattedTime;
34         }
35     </script>
```

图 6-34

运行结果如图 6-35 所示。

图 6-35

innerHTML 和 textContent 的区别如下。

（1）innerHTML 属性获取或设置的是元素内部的 HTML 内容，包括所有的 HTML 标签。当设置 innerHTML 时，浏览器会解析字符串中的 HTML 标签并构建新的 DOM 树来反映这些更改。innerHTML 会解析 HTML 标签，因此有潜在的安全风险，特别是当使用用户提供的内容时。如果未进行适当的清理，有可能导致跨站脚本攻击（XSS）。

使用 innerHTML 可以修改元素内的结构，添加新的元素或删除现有的元素。

（2）textContent 属性获取或设置的是元素的文本内容，忽略所有的 HTML 标签。

当设置 textContent 时，提供的字符串会被当作纯文本处理，任何存在的 HTML 标签将不会被解析，而是以文本的形式展示。

使用 textContent 是一种更安全的方式，可以避免 XSS 攻击，因为它不会解析 HTML 标记，而仅仅是替换节点中的文本。

textContent 不会影响元素内部的 HTML 结构，即不会改变任何标签，只替换文本。

## 6.4.2 │ 操作表单属性

表单中有很多表单控件，当想要操作表单属性时，可以通过直接访问 HTML DOM 元素对象的属性来实现。这适合用于标准的属性，如 value、type、checked、disabled、selected 等。

**1. 获取表单属性**

代码如下：

```
//获取输入框(input)的值
var inputValue = document. getElementById(' inputElement' ). value;
//获取选择框(select)中选中的项的值
var selectedValue = document. getElementById(' selectElement' ). value;
//检查复选框(checkbox)是否被勾选
var isChecked = document. getElementById(' checkboxElement' ). checked;
//检查单选按钮(radio)是否被选中
var isRadioSelected = document. getElementById(' radioElement' ). checked;
//获取文本域(textarea)的值
var textareaValue = document. getElementById(' textareaElement' ). value;
```

**2. 设置表单属性**

代码如下：

```
//设置输入框的值
document. getElementById(' inputElement' ). value = ' New Value' ;
//设置选择框的选中项
document. getElementById(' selectElement' ). value = ' option2' ;
//设置复选框为勾选状态
document. getElementById(' checkboxElement' ). checked = true;
//设置单选按钮为选中状态
document. getElementById(' radioElement' ). checked = true;
//设置文本域的值
document. getElementById(' textareaElement' ). value = ' New Text' ;
```

**3. 禁用或启用表单元素**

代码如下：

```
//禁用输入框
document. getElementById(' inputElement' ). disabled = true;
//启用输入框
```

```
document. getElementById(' inputElement' ). disabled  = false;
```

【案例 6-18】用户登录。

代码如图 6-36 所示。

```
 1 <!DOCTYPE html>
 2 <html>
 3    <head>
 4       <meta charset="UTF-8">
 5       <title>用户登录</title>
 6       <link rel="stylesheet" type="text/css" href="css/【案例6-15】用户登录.css"/>
 7    </head>
 8    <body>
 9       <form id="loginForm">
10          <div class="form-group">
11             <label for="username">账号:</label>
12             <input type="text" id="username" name="username" required>
13          </div>
14          <div class="form-group">
15             <label for="password">密码:</label>
16             <input type="password" id="password" name="password" required>
17             <button type="button" id="togglePassword">Show Password</button>
18          </div>
19          <div class="form-group">
20             <button type="submit">登录</button>
21          </div>
22       </form>
23    </body>
24    <script type="text/javascript">
25       document.addEventListener('DOMContentLoaded', function() {
26       var loginForm = document.getElementById('loginForm');
27       var usernameInput = document.getElementById('username');
28       var passwordInput = document.getElementById('password');
29       var togglePasswordButton = document.getElementById('togglePassword');
30
31       togglePasswordButton.addEventListener('click', function() {
32          if (passwordInput.type === 'password') {
33             passwordInput.type = 'text';
34             this.textContent = 'Hide Password';
35          } else {
36             passwordInput.type = 'password';
37             this.textContent = 'Show Password';
38          }
39       });
40
41       loginForm.addEventListener('submit', function(event) {
42          event.preventDefault();
43          var username = usernameInput.value.trim();
44          var password = passwordInput.value.trim();
45          if (username === 'user' && password === 'password') {
46             alert('登录成功!');
47          } else {
48             alert('登录失败:用户名或密码错误!');
49          }
50       });
51    });
52    </script>
53 </html>
```

图 6-36

运行结果如图 6-37 所示。

图 6-37

单击"Show Password"时，密码框显示密码，如图 6-38 所示。

账号：

user

密码：

password

Hide Password

登录

图 6-38

## 6.4.3 ┃ 操作元素样式

在 JavaScript 中，通过 style 属性操作元素的样式是一种快捷的方法，它允许你直接在元素上设置内联样式。每个 DOM 元素都有一个 style 对象，通过这个对象，用户可以获取和设置该元素的样式。

【案例 6-19】用户注册模态框。

HTML 代码如图 6-39 所示。

```
1 <!DOCTYPE html>
2 <html>
3     <head>
4         <meta charset="UTF-8">
5         <title>用户注册</title>
6         <link rel="stylesheet" type="text/css" href="css/【案例6-16】用户注册模态框.css'
7     </head>
8     <body>
9         <div class="container">
10            <!-- 模态对话框的触发按钮 -->
11            <button id="openModal">注册</button>
12            <!-- 模态对话框 -->
13            <div id="myModal" class="modal" style="display: none;">
14                <!-- 模态内容 -->
15                <div class="modal-content">
16                    <span class="close-button">×</span>
17                    <h2>注册账号</h2>
18                    <form id="registrationForm">
19                        <label for="username">用户名:</label>
20                        <input type="text" id="username" name="username" required>
```

图 6-39

```
21
22              <label for="email">邮箱:</label>
23              <input type="email" id="email" name="email" required>
24
25              <label for="password">密码:</label>
26              <input type="password" id="password" name="password" required>
27
28              <label for="confirmPassword">确认密码:</label>
29              <input type="password" id="confirmPassword" name="confirmPassword"
30
31              <input type="submit" value="注册">
32           </form>
33         </div>
34       </div>
35     </div>
36   </body>
```

续图 6-39

JavaScript 代码如图 6-40 所示。

```
37   <script type="text/javascript">
38       var modal = document.getElementById('myModal');
39       var btn = document.getElementById('openModal');
40       var span = document.querySelector('.close-button');
41       var form = document.getElementById('registrationForm');
42
43       btn.addEventListener('click', function() {
44         modal.style.display = 'flex';
45       });
46
47       span.addEventListener('click', function() {
48         modal.style.display = 'none';
49       });
50
51       window.addEventListener('click', function(event) {
52         if (event.target == modal) {
53           modal.style.display = 'none';
54         }
55       });
56
57       form.addEventListener('submit', function(event) {
58         event.preventDefault();
59
60         alert('注册成功!');
61       });
62   </script>
63 </html>
```

图 6-40

运行结果如图 6-41 所示。

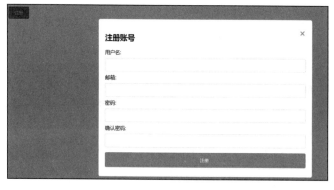

图 6-41

在表单中填入数据，单击"注册"按钮，效果如图 6-42 所示。

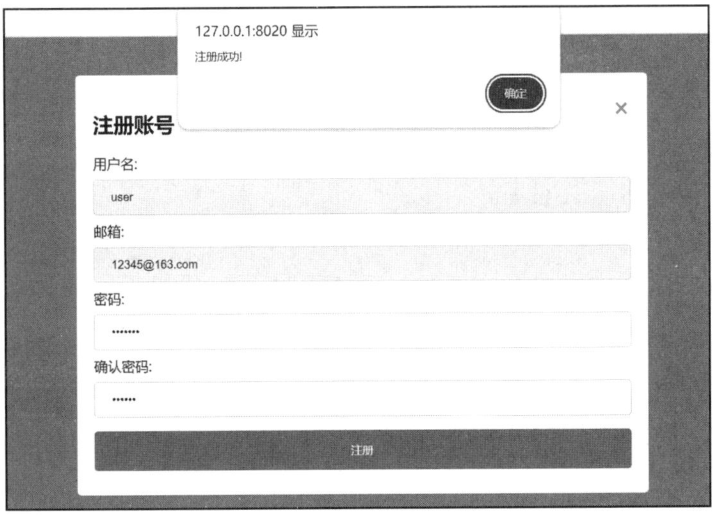

图 6-42

## 6.4.4 操作元素自定义属性

在 HTML 中，可以为元素添加自定义属性存储额外的信息或与 JavaScript 交互。自定义属性通常以 data-前缀开头，以符合 HTML5 规范。通过这种方式定义的属性可以通过 JavaScript 访问和修改。下面是使用 JavaScript 操作这些自定义属性的一些方法。

假设有一个元素 <div id="myElem" data-myattr="someValue"></div>。

**1. 获取自定义属性**

使用 getAttribute( ) 方法可以获取元素的自定义属性值。代码如下：

```
var elem = document. getElementById(' myElem' );
var value = elem. getAttribute(' data- myattr' );
console. log(value); //输出：someValue
```

**2. 设置自定义属性**

使用 setAttribute( ) 方法可以设置元素的自定义属性值。代码如下：

```
var elem =document. getElementById(' myElem' );
elem. setAttribute(' data- myattr' ,' newvalue' );
```

**3. 删除自定义属性**

使用 removeAttribute( ) 方法可以移除元素的自定义属性。代码如下：

```
var elem = document. getElementById(' myElem' );
elem. removeAttribute(' data- myattr' );
```

### 4. 使用 dataset 属性

HTML5 引入了 dataset 属性，允许访问和设置以 data-为前缀的自定义属性。dataset 属性简化了自定义数据属性的处理。

代码如下：

```
var elem  = document. getElementById(' myElem' );
var value =elem. dataset. myattr;
console. log(value); //输出：someValue
```

### 5. 设置自定义数据属性

代码如下：

```
var elem  = document. getElementById(' myElem' );
elem. dataset. myattr = ' newValue';
```

### 6. 删除自定义数据属性

删除自定义数据属性可以通过 delete 操作符和 dataset 属性一起使用。代码如下：

```
var elem  = document. getElementById(' myElem' );
delete elem. dataset. myattr;
```

【案例 6-20】 网页选项卡。

代码如图 6-43 所示。

```
1  <!DOCTYPE html>
2  <html>
3      <head>
4          <meta charset="UTF-8">
5          <title>网页选项卡</title>
6          <link rel="stylesheet" type="text/css" href="css/【案例6-17】网页选项卡.css"/>
7      </head>
8      <body>
9          <div class="tab-header">
10             <!-- 定义 Tab 按钮，通过data-tab 属性关联到对应的内容 -->
11             <button class="tab-link" data-tab="tab1">商品介绍</button>
12             <button class="tab-link" data-tab="tab2">规格与包装</button>
13             <button class="tab-link" data-tab="tab3">售后保障</button>
14             <button class="tab-link" data-tab="tab4">商品评价(1000+)</button>
15             <button class="tab-link" data-tab="tab5">本店好评商品</button>
16         </div>
17             <!-- Tab 内容区 -->
18         <div id="tab1" class="tab-content">
19             <h3>商品介绍</h3>
20             <p>商品介绍模块</p>
21         </div>
22         <div id="tab2" class="tab-content">
23             <h3>规格与包装</h3>
24             <p>规格与包装模块</p>
25         </div>
26         <div id="tab3" class="tab-content">
27             <h3>售后保障</h3>
28             <p>售后保障模块</p>
29         </div>
30         <div id="tab4" class="tab-content">
31             <h3>商品评价(1000+)</h3>
32             <p>商品评价模块</p>
33         </div>
34         <div id="tab5" class="tab-content">
35             <h3>本店好评商品</h3>
36             <p>本店好评商品模块</p>
37         </div>
38     </body>
```

图 6-43

```
39   <script type="text/javascript">
40       // 获取所有 Tab 按钮和内容元素
41       var tabLinks = document.querySelectorAll('.tab-link');
42       var tabContents = document.querySelectorAll('.tab-content');
43
44       // 函数用来打开一个 Tab，并隐藏其他 Tab内容
45       function openTab(tabName) {
46           // 遍历所有 Tab 内容，将它们隐藏
47           tabContents.forEach(function(tabContent) {
48               tabContent.style.display = "none";
49           });
50           // 重置所有 Tab 按钮，移除 "active" 类
51           tabLinks.forEach(function(tabLink) {
52               var className = tabLink.getAttribute('class');
53               tabLink.setAttribute('class', className.replace(" active", ""));
54           });
55           /*使用getAttribute和setAttribute通过单击 Tab 按钮的 data-tab 属性，
56               显示对应的 Tab 内容，并为该按钮添加 "active" 类*/
57           document.getElementById(tabName).style.display = "block";
58           var activeTabLink =
59           document.querySelector(`.tab-link[data-tab="${tabName}"]`);
60           activeTabLink.classList.add("active");
61       }
62
63       // 默认打开第一个 Tab
64       openTab('tab1');
65
66       // 为每个 Tab 按钮添加单击事件监听器，单击时调用 openTab 函数
67       tabLinks.forEach(function(tabLink) {
68           tabLink.addEventListener('click', function() {
69               openTab(this.getAttribute('data-tab'));
70           });
71       });
72   </script>
73 </html>
```

续图 6-43

运行结果如图 6-44 所示。

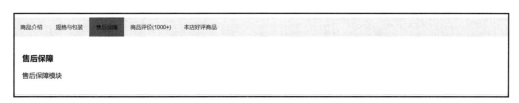

图 6-44

【案例 6-21】 商品全选功能与反选。

要为商品列表添加全选功能，需要在表格中包含一个用于选择所有商品的复选框，并给每个商品也添加一个复选框。当用户单击全选复选框时，所有的商品复选框都会被选中。

当所有单个商品都被手动选择后，全选按钮也自动勾选，我们需要对每个商品的复选框添加一个 onclick 事件处理函数，该函数在每次单个商品被单击时运行，检查所有单个商品的复选框是否都被选中了，如果是，则自动勾选全选按钮。

反选功能为：若之前未选中，则选中；若已选中，则取消选中。

代码如图 6-45 所示。

```
1  !DOCTYPE html>
2  <html>
3      <head>
4          <meta charset="UTF-8">
5          <title>商品列表清单</title>
6          <link rel="stylesheet" type="text/css" href="css/【案例6-18】商品全选功能与反选.css"/>
7      </head>
8      <body>
9          <h2>商品列表</h2>
10         <table class="product-list">
11             <thead>
12                 <tr>
13                     <!-- 全选复选框，单击时调用selectAll() -->
14                     <th><input type="checkbox" id="selectAllProducts" onclick="selectAll()" />全选</th>
15                     <th>商品名称</th>
16                     <th>价格</th>
17                 </tr>
18             </thead>
19             <tbody id="products">
20                 <!-- 商品行列表-->
21                 <tr>
22                     <td><input type="checkbox" class="productCheckbox" onclick="checkAllSelected()" /></td>
23                     <td>HUAWEI Pocket 2</td>
24                     <td>￥8888</td>
25                 </tr>
26                 <tr>
27                     <td><input type="checkbox" class="productCheckbox" onclick="checkAllSelected()" /></td>
28                     <td>华为MateBook </td>
29                     <td>￥4999</td>
30                 </tr>
31                 <tr>
32                     <td><input type="checkbox" class="productCheckbox" onclick="checkAllSelected()" /></td>
33                     <td>华为路由 AX6 Pro</td>
34                     <td>￥699.99</td>
35                 </tr>
36             </tbody>
37         </table>
38         <!-- 反选按钮，单击时调用invertSelection() -->
39         <button onclick="invertSelection()">反选</button>
40     </body>
41     <script type="text/javascript">
42         // 全选功能的实现
43         function selectAll() {
44             var productCheckboxes = document.getElementsByClassName('productCheckbox');
45             var isSelectAllChecked = document.getElementById('selectAllProducts').checked;
46
47             // 遍历每个商品复选框，根据全选复选框的选择状态进行更新
48             for (var i = 0; i < productCheckboxes.length; i++) {
49                 productCheckboxes[i].checked = isSelectAllChecked;
50             }
51         }
52
53         // 检查所有单个商品是否被选中，以自动更新全选复选框的状态
54         function checkAllSelected() {
55             var productCheckboxes = document.getElementsByClassName('productCheckbox');
56             var selectAllCheckbox = document.getElementById('selectAllProducts');
57             var allSelected = true;
58
59             // 检查是否所有商品复选框都已选中
60             for (var i = 0; i < productCheckboxes.length; i++) {
61                 if (!productCheckboxes[i].checked) {
62                     allSelected = false;
63                     break;
64                 }
65             }
66
67             // 根据所有单个商品的复选框状态自动勾选或取消勾选全选复选框
68             selectAllCheckbox.checked = allSelected;
69         }
70
71         // 反选功能的实现
72         function invertSelection() {
73             var productCheckboxes = document.getElementsByClassName('productCheckbox');
74             // 遍历每个复选框，反转其选中状态
75             for (var i = 0; i < productCheckboxes.length; i++) {
76                 productCheckboxes[i].checked = !productCheckboxes[i].checked;
77             }
78
79             // 反选操作后，检查是否需要更新全选复选框的状态
80             checkAllSelected();
81         }
82     </script>
83 </html>
```

图 6-45

运行结果如图 6-46 所示。

| 商品列表 | | |
|---|---|---|
| ☐ 全选 | 商品名称 | 价格 |
| ☐ | HUAWEI Pocket 2 | ￥8888 |
| ☐ | 华为MateBook | ￥4999 |
| ☐ | 华为路由 AX6 Pro | ￥699.99 |
| 反选 | | |

图 6-46

选择全选按钮效果如图 6-47 所示。

| 商品列表 | | |
|---|---|---|
| ☑ 全选 | 商品名称 | 价格 |
| ☑ | HUAWEI Pocket 2 | ￥8888 |
| ☑ | 华为MateBook | ￥4999 |
| ☑ | 华为路由 AX6 Pro | ￥699.99 |
| 反选 | | |

图 6-47

# 6.5 节　点

## 6.5.1 节点概述

在 JavaScript 中, 节点（node）主要指的是文档对象模型（DOM）中的一个基本单位, 用于表示和操作 HTML 文档的内容和结构。常见的节点类型包括元素节点、文本节点、属性节点等（见图 6-1）。通过 JavaScript, 可以实现对这些节点的创建、修改、删除以及遍历等操作, 从而动态地控制网页的内容和布局, 这些操作是动态网页交互和前端开发的关键。

视频讲解

常见的节点类型包括以下几种。

元素节点（element node）: 代表文档中的一个元素, 如一个 <div> 或 <p> 标签。

文本节点（text node）: 包含元素内的文本内容。

属性节点（attribute node）: 代表元素的属性, 如 class 或 id。

注释节点（comment node）: 包含注释文本。

文档节点（document node）: 代表整个文档的根节点。

在实际开发中, 主要操作的是元素节点, 在 DOM 中, 使用节点属性可以查询各节点的名称、类型、节点值。

nodeName: 节点的名称。

nodeValue: 节点的值, 除文本节点类型外, 其他类型的节点值都为 null。

nodeType: 节点的类型。

使用 nodeName 属性、nodeType 属性和 nodeValue 属性可以分别显示出节点的名称、节点类型和节点的值。

代码如图 6-48 所示。

```html
1  <!DOCTYPE html>
2  <html>
3      <head>
4          <meta charset="UTF-8">
5          <title></title>
6      </head>
7      <body>
8          <div id="text">
9              <p class="content">这是一个p标签，为了演示节点</p>
10         </div>
11     </body>
12 <script type="text/javascript">
13     var p1=document.querySelector(".content");
14     var str;
15     str="节点名称: "+p1.nodeName+"\n";
16     str+="节点值: "+p1.nodeValue+"\n";
17     str+="节点类型: "+p1.nodeType+"\n";
18     alert(str);
19 </script>
20 </html>
```

图 6-48

运行结果如图 6-49 所示。

127.0.0.1:8020 显示

节点名称: P
节点值: null
节点类型: 1

确定

图 6-49

## 6.5.2 ┃ 节点层级关系

不同节点之间的关系可以使用传统的家族关系进行描述，包括父子关系、兄弟关系，接下来一一描述。

节点层级关系如图 6-50 所示。

父节点（parent node）：每个节点（除了根节点，如 HTML 文档的 <html> 节点）都有一个父节点。

视频讲解

子节点（child nodes）：节点可以有 0 个、1 个或多个子节点。

兄弟节点（sibling nodes）：拥有相同父节点的节点被认为是兄弟节点。

祖先节点（ancestor node）：一个节点的父节点、父节点的父节点等都被认为是祖先节点。在嵌套的元素中，靠近根的元素是靠近叶子的元素的祖先节点。

后代节点（descendant nodes）：一个节点的子节点、子节点的子节点等都被认为是后代节点。在嵌套的元素中，嵌套得更深的是嵌套得较浅的元素的后代节点。

```
 1 <!DOCTYPE html>
 2 <html>
 3     <head>
 4         <meta charset="UTF-8">
 5         <title>节点层级关系</title>
 6     </head>
 7     <body>
 8         <div id="parent">
 9             <p>第一个p标签</p>
10             <p>第二个p标签</p>
11         </div>
12     </body>
13 </html>
```

图 6-50

根节点：document 节点是整个文档的根节点，它的子节点包括文档类型节点和 html 元素。

## 6.5.3 获取父节点

在 JavaScript 中，使用 parentNode 属性获取一个元素的父节点。

【案例 6-22】获取父节点。

代码如图 6-51 所示。

视频讲解

```
 1 <!DOCTYPE html>
 2 <html>
 3     <head>
 4         <meta charset="UTF-8">
 5         <title>获取父节点</title>
 6     </head>
 7     <body>
 8         <div id="parent">
 9             <p id="child">这是一个子节点</p>
10         </div>
11     </body>
12 <script type="text/javascript">
13     // 获取ID为'child'的<p>元素
14     var childElement = document.getElementById('child');
15
16     // 获取这个<p>元素的父节点
17     var parentElement = childElement.parentNode;
18
19     // 显示父节点的ID
20     console.log(parentElement.id); // 输出: parent
21
22     // 验证父节点是否是一个 DIV 元素
23     console.log(parentElement.tagName); // 输出: DIV
24
25     // 如果你只是想验证父节点是否是特定的类型，可以这样做：
26     if (parentElement.nodeName === 'DIV') {
27         console.log("这是一个元素节点"); // 输出：这是一个元素节点
28     }
29 </script>
```

图 6-51

使用 parentNode 属性时，获取到最近的父级元素节点，在根元素（如<html>元素）上调用 parentNode，则会返回 null，因为它没有父节点。

如果需要沿着 DOM 树向上遍历多个级别，可以连续调用 parentNode。代码如下：

```
var grandparentElement = childElement. parentNode. parentNode; //获取祖父节点
console. log(grandparentElement. tagName); // 例如,输出 BODY 或 HTML
```

## 6.5.4 获取子节点

在 DOM 中，可以使用几种不同的属性和方法来获取元素的子节点。

childNodes：返回包含指定元素的所有子节点的 NodeList，包括元素节点、文本节点和注释节点。

children：返回包含指定元素的所有子元素节点的 HTMLcollection，它不包括文本节点和注释节点。

视频讲解

firstChild：获取第一个子节点，如果没有子节点，则返回 null。

lastChild：获取最后一个子节点，如果没有子节点，则返回 null。

firstElementChild：获取第一个子元素节点，如果没有子元素节点，则返回 null。

lastElementChild：获取最后一个子元素节点，如果没有子元素节点，则返回 null。

【案例 6-23】获取子节点。

代码如图 6-52 所示。

```
1  <!DOCTYPE html>
2  <html>
3      <head>
4          <meta charset="UTF-8">
5          <title>获取子节点</title>
6      </head>
7      <body>
8          <div id="parent">
9              <p>First Child</p>
10             <!--这是一个子节点 -->
11             <p>Second Child</p>
12             <p>Third Child</p>
13         </div>
14     </body>
15  <script type="text/javascript">
16     // 获取ID为'parent'的<div>元素
17     var parentElement = document.getElementById('parent');
18
19     // 获取所有子节点,包括文本节点和注释节点
20     var allChildNodes = parentElement.childNodes;
21     allChildNodes.forEach(function(node) {
22         console.log(node); // 这将打印出所有子节点
23     });
24
25     // 获取所有子元素节点,不包括文本节点和注释节点
26     var childElements = parentElement.children;
27     for (var i = 0; i < childElements.length; i++) {
28         console.log(childElements[i]); // 这将打印出 <p> 元素节点
29         console.log(childElements[i].textContent); // 这将打印出每个 <p>元素的文本
30     }
31     // 获取第一个子节点（可能是文本节点）
32     var firstNode = parentElement.firstChild;
33     console.log(firstNode);
34
35     // 获取第一个子元素节点
36     var firstElement = parentElement.firstElementChild;
37     console.log(firstElement);
38
39     // 输出它们的文本内容
40     console.log(firstNode.textContent);
41     console.log(firstElement.textContent);
42  </script>
43 </html>
```

图 6-52

运行代码，在控制台的输出结果如图 6-53 所示。

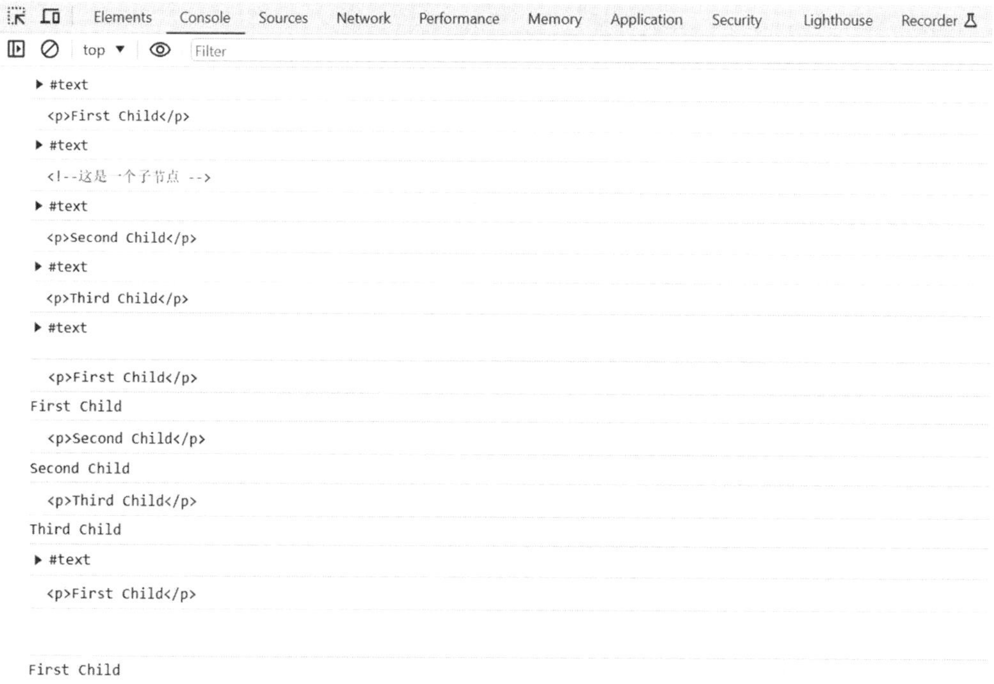

图 6-53

在上述代码中，parentElement. childNodes 将返回一个包含所有类型节点的 NodeList，而 parentElement. children 将只包含<p>元素节点。childNodes 包括了注释节点和文本节点（即使是空格和换行也会被视为文本节点）。

## 6.5.5 获取兄弟节点

在 JavaScript 中，可以使用几个不同的属性来获取一个元素的兄弟节点。以下是常用的属性。

nextSibling：返回紧随当前节点之后的下一个兄弟节点，如果没有，则返回 null。这个属性会获取任何类型的下一个兄弟节点，包括元素节点、文本节点和注释节点。

previousSibling：返回当前节点之前的前一个兄弟节点，如果没有，则返回 null。同样，这个属性会获取任何类型的前一个兄弟节点。

nextElementSibling：返回紧随当前元素节点之后的下一个兄弟元素节点，如果没有，则返回 null。这个属性只关注元素节点。

previousElementSibling：返回当前元素节点之前的前一个兄弟元素节点，如果没有，则返回 null。这个属性也只关注元素节点。

【案例 6-24】获取兄弟节点。

代码如图 6-54 所示。

```
1 <!DOCTYPE html>
2 <html>
3    <head>
4        <meta charset="UTF-8">
5        <title></title>
6    </head>
7    <body>
8        <div id="parent">
9            <p id="first">First Child</p>
10           <!-- 这是一个文本节点 -->
11           <p id="middle">Middle Child</p>
12           <p id="last">Last Child</p>
13       </div>
14   </body>
15   <script type="text/javascript">
16       // 获取ID为'middle'的<p>元素
17       var middleElement = document.getElementById('middle');
18
19       // 获取下一个兄弟节点(可能包括文本节点和注释节点)
20       var nextSiblingNode = middleElement.nextSibling;
21       console.log(nextSiblingNode);
22
23       // 获取下一个兄弟元素节点
24       var nextElementSibling = middleElement.nextElementSibling;
25       console.log(nextElementSibling); // 输出: <p id="last">Last Child</p>
26
27       // 获取前一个兄弟节点(可能包括文本节点和注释节点)
28       var previousSiblingNode = middleElement.previousSibling;
29       console.log(previousSiblingNode);
30
31       // 获取前一个兄弟元素节点
32       var previousElementSibling = middleElement.previousElementSibling;
33       console.log(previousElementSibling); // 输出:<p id="first">First Child</p>
34   </script>
```

图 6-54

运行结果如图 6-55 所示。

图 6-55

在这个示例中，middleElement 指的是 ID 为 middle 的 <p> 元素。我们使用 nextElementSibling 和 previousElementSibling 属性来获取它的相邻的元素节点，而 nextSibling 和 previousSibling 属性则能够获取所有类型的相邻节点，包括可能的文本节点或注释节点。

## 6.5.6 创建添加节点

在实际开发过程中，创建和添加新节点到 DOM 是一个常见的任务。可以使用以下步骤来创建新的元素（节点）并将其添加到页面上。

创建新节点：使用 document. createElement（tagName）来创建一个新的元素节点，其中，tagName 是用户想要创建的元素的标签名，如 div、p 等。

视频讲解

设置属性和内容：如果想要为这个新创建的元素设置一些属性（如 id、class 等）或者设置它的内容（文本或者 HTML），可以使用 setAttribute（name，value）方法来设置属性，使用 innerText 或 innerHTML 属性来设置其文本或 HTML 内容。

将新节点添加到 DOM 中：可以使用 element. appendChild（newNode）将新创建的节点添加到一个现有的元素 element 中。如果想要将新节点添加到特定的位置，可能需要使用 element. insertBefore（newNode，referenceNode）。其中，referenceNode 是 element 中的一个现有子节点，新节点将被插入这个子节点之前。

【案例 6-25】创建并添加节点。

代码如图 6-56 所示。

```
1  <!DOCTYPE html>
2  <html>
3      <head>
4          <meta charset="UTF-8">
5          <title></title>
6      </head>
7      <body>
8          <div id="container">
9          </div>
10     </body>
11     <script type="text/javascript">
12         // 创建一个新的<p>元素
13         var newParagraph = document.createElement('p');
14
15         // 给新元素添加一些文本内容
16         newParagraph.innerText = '这是一个新段落。';
17
18         // 可选：为新元素添加一个class
19         newParagraph.setAttribute('class', 'new-class');
20
21         // 获取将要添加新元素的容器元素
22         var container = document.getElementById('container');
23
24         // 将新元素添加到容器元素中
25         container.appendChild(newParagraph);
26     </script>
27 </html>
```

图 6-56

在这个示例中，创建了一个新的<p>元素，为它设置了文本内容和一个 class 属性，然后将它添加到页面上一个 ID 为 container 的 div 元素中。这个新创建的段落现在会显示在<div id="container">内部。

## 6.5.7 删除与复制节点

在 JavaScript 中，可以通过以下方式对节点进行删除或复制操作。

（1）删除节点需要使用 parentNode. removechild( childNode) 方法。parentNode 是要

被删除的节点的父节点，而 childNode 是需要被删除的节点本身。因为只有父节点才有权利删除其子节点，所以需要先访问父节点。

视频讲解

（2）复制节点可以使用 node. cloneNode( deep) 方法。该方法创建调用它的节点的一个副本。deep 是一个布尔值，指示是否需要进行深度复制。

如果 deep 为 false，则只复制节点本身，而不包括任何子节点。

如果 deep 为 true，则连同其所有子孙节点一起复制。

【案例 6-26】删除与复制节点。

代码如图 6-57 所示。

```html
1  <!DOCTYPE html>
2  <html>
3    <head>
4      <meta charset="UTF-8">
5      <title>删除与复制节点</title>
6      <link rel="stylesheet" type="text/css" href="css/删除与复制节点.css"/>
7    </head>
8    <body>
9      <div id="taskList">
10       <div class="task">
11         <span>学习 JavaScript</span>
12         <button class="deleteBtn">删除</button>
13       </div>
14     </div>
15     <button id="addTaskBtn">添加任务</button>
16   </body>
17   <script type="text/javascript">
18     document.getElementById('addTaskBtn').addEventListener('click', function() {
19       // 获取任务列表和第一个任务用于复制
20       var taskList = document.getElementById('taskList');
21       var firstTask = taskList.getElementsByClassName('task')[0];
22
23       // 复制第一个任务
24       var newTask = firstTask.cloneNode(true);
25
26       // 添加到任务列表
27       taskList.appendChild(newTask);
28
29       // 为新任务的删除按钮添加事件监听器
30       newTask.querySelector('.deleteBtn').addEventListener('click', deleteTask);
31     });
32
33     // 初始化：为现有的（初始的）任务的删除按钮添加事件监听
34     var deleteButtons = document.getElementsByClassName('deleteBtn');
35     for (var i = 0; i < deleteButtons.length; i++) {
36       deleteButtons[i].addEventListener('click', deleteTask);
37     }
38
39     // 删除任务函数
40     function deleteTask(event) {
41       // 获取触发事件的按钮所在的任务元素（.task）
42       var task = event.target.parentElement;
43       // 删除该任务
44       task.parentElement.removeChild(task);
45     }
46   </script>
47 </html>
```

图 6-57

运行结果如图 6-58 所示。

图 6-58

（3）添加任务按钮事件监听：首先，在"添加任务"按钮上设置了一个单击事件监听器。当按钮被单击时，会触发一个函数，这个函数会复制现有的任务项，并将复制得到的新任务项添加到列表中。

通过 getElementById（） 获取任务列表，然后通过 getElementsByClassName（） 获取第一个任务项。使用 cloneNode（true） 方法复制这个任务项，这里的 true 参数表示要进行深复制，即复制节点及其全部子节点。

将新复制的任务项添加到任务列表中使用 appendChild（） 方法。

（4）为新任务的删除按钮绑定事件：新任务也有删除按钮，所以为其绑定 deleteTask（） 函数作为单击事件的处理函数。这确保了无论何时添加新任务，其删除功能都能正常工作。

（5）初始化为删除按钮绑定事件：页面加载时，为所有现有的任务项中的删除按钮绑定事件监听器，单击按钮时执行 deleteTask（） 函数。

函数 deleteTask（） 获取触发事件的删除按钮所在的任务元素，并从其父元素（任务列表）中移除该任务元素。这是通过 removeChild（） 方法实现的。

由于新任务是动态添加的，因此它们的删除按钮也需要动态地绑定事件监听器，以确保删除功能正常工作。这是通过在添加新任务时立即为其删除按钮用 addEventListener（） 方法来实现的。

【案例 6-27】 在线便笺。

代码如图 6-59 所示。

```
1  <!DOCTYPE html>
2  <html>
3      <head>
4          <meta charset="UTF-8">
5          <title>在线便笺</title>
6          <link rel="stylesheet" type="text/css" href="css/【案例6-24】在线便笺.css"/>
7      </head>
8      <body>
9          <div class="app">
10             <h1>在线便笺</h1>
11             <!-- 输入框用于输入便笺内容 -->
12             <input type="text" id="noteInput" placeholder="输入便笺内容...">
13             <!-- 按钮用于添加新便笺 -->
14             <button id="addNoteButton">添加便笺</button>
15             <!-- 无序列表用于展示添加的便笺 -->
16             <ul id="notesList"></ul>
17         </div>
18     </body>
```

图 6-59

```
19  <script type="text/javascript">
20      // 当单击"添加便笺"按钮时, 执行以下函数
21      document.getElementById('addNoteButton').addEventListener('click', function() {
22          // 获取输入框元素
23          var input = document.getElementById('noteInput');
24          // 获取输入框的值, 并去除两端的空格
25          var noteContent = input.value.trim();
26          // 如果输入框中有内容, 则添加便笺
27          if (noteContent) {
28              // 获取展示便笺的列表元素
29              var notesList = document.getElementById('notesList');
30              // 创建一个列表项 (<li>元素)
31              var li = document.createElement('li');
32              // 设置列表项的文本内容为输入框中的内容
33              li.textContent = noteContent;
34              // 创建一个删除按钮
35              var deleteButton = document.createElement('button');
36              deleteButton.textContent = '删除';
37              // 为删除按钮添加单击事件, 用于删除便笺
38              deleteButton.onclick = function() {
39                  li.remove();
40              };
41              // 将删除按钮添加到列表项中
42              li.appendChild(deleteButton);
43              // 将列表项添加到便笺列表中
44              notesList.appendChild(li);
45              // 清空输入框内容
46              input.value = '';
47          } else {
48              // 如果输入框为空, 弹出提示
49              alert('请输入便笺内容');
50          }
51      });
52  </script>
53 </html>
```

图 6-59 (续图)

## 本 章 小 结

本章主要讲解了 DOM 的一些常用操作, 以及事件的进阶内容。通过对本章的学习, 读者应掌握如何进行排他操作、属性操作、节点操作, 学会如何创建节点、添加节点和复制节点。在事件进阶部分, 要掌握事件对象、鼠标事件对象、键盘事件对象及各事件的使用方法和属性, 能够通过鼠标及键盘操作元素。

## 课 后 练 习

一、选择题

1. DOM 是 ( ) 的缩写。

A. document object model

B. data object model

C. document object management

D. data object management

2. 下列 ( ) 方法用于根据 ID 获取元素。

A. getElementByClass ( )

B. getElementById ( )

C. getElementsByTagName ( )

D. getElementsByName ( )

3. 以下（　　　）是 JavaScript 中常用的事件。

A. onclick  B. onrun  C. onmove  D. ondata

4. （　　　）方法可以修改元素的内容。

A. element. innerHTML （  ）  B. element. content （  ）

C. element. style （  ）  D. element. attribute （  ）

5. （　　　）方法可以获取某元素的父节点。

A. element. parentNode （  ）  B. element. previousSibling （  ）

C. element. childNodes （  ）  D. element. nextSibling （  ）

6. 下列（　　　）方法用于获取所有具有指定类名的元素。

A. getElementsByTagName （  ）  B. getElementById （  ）

C. getElementsByClassName （  ）  D. getElementsByName （  ）

7. （　　　）方法可以阻止事件的默认行为。

A. event. preventDefault(  )

B. event. stopPropagation(  )

C. event. stopImmediatePropagation(  )

D. event. preventDefaultAction(  )

8. 在 DOM 中，（　　　）方法用于替换子节点。

A. replaceChild （  ）  B. removeChild （  ）

C. appendChild （  ）  D. insertBefore （  ）

二、判断题

1. DOM 是一种跨平台且与语言无关的接口。（　　　）

2. getElementsByClassName （  ）方法返回的是一个元素对象。（　　　）

3. 事件冒泡指的是事件从最具体的元素逐级向上传播到最不具体的元素。（　　　）

4. 可以通过 setAttribute （  ）方法来修改元素的自定义属性。（　　　）

5. createElement （  ）方法用于创建新的 HTML 元素节点。（　　　）

6. innerHTML 属性可用于获取或设置元素的 HTML 内容。（　　　）

7. 在 JavaScript 中，可以使用 addEventListener （  ）方法为元素添加多个事件处理程序。（　　　）

8. querySelectorAll （  ）方法返回的是一个包含所有匹配元素的静态 NodeList。（　　　）

三、填空题

1. DOM 是一种表示文档的结构化方式，它将文档表示为一个_____ 。

2. 使用 getElementsByTagName （  ）方法可以获取所有具有指定_____ 的元素。

3. 事件处理程序可以通过调用_____ 方法来移除。

4. 使用_____ 属性可以修改表单元素的值。

5. 使用 appendChild（）方法可以将新节点添加到_____ 的末尾。

6. 在 DOM 中，节点之间的层级关系可以通过_____ 和_____ 来表示。

7. 通过_____ 方法可以创建一个文本节点。

8. 使用_____ 方法可以将事件处理程序附加到指定元素上。

四、简答题

1. 简述 DOM 的基本概念和用途。

2. 请列出三种不同的获取元素的方法，并说明它们的使用场景。

3. 请解释事件冒泡和事件捕获的区别。

4. 请描述如何通过 JavaScript 修改元素的样式和内容。

5. 请解释节点的层级关系，并描述如何在 DOM 中创建、添加、删除和复制节点。

6. 简述 addEventListener（）方法的用法，并举例说明如何为元素添加多个事件处理程序。

7. 解释什么是事件委托，并描述其优势。

8. 简述 innerHTML 和 textContent 的区别。

五、编程题

1. 编写一个 JavaScript 函数，使用 getElementById（）方法获取一个元素，并修改该元素的内容。

2. 编写一个 JavaScript 程序，给一个按钮添加一个单击事件，当单击按钮时，改变页面背景颜色。

3. 编写一个 JavaScript 程序，获取所有具有指定类名的元素，并将它们的文本内容修改为 "Hello World"。

4. 编写一个 JavaScript 程序，创建一个新的 div 元素，并将其添加到现有的 HTML 文档中。

5. 编写一个 JavaScript 函数，移除页面中所有具有指定类名的元素。

6. 编写一个 JavaScript 程序，使用事件委托为动态添加的按钮绑定单击事件，单击时弹出按钮的文本内容。

7. 编写一个 JavaScript 函数，使用 querySelectorAll（）方法获取所有指定标签的元素，并改变它们的背景颜色。

8. 编写一个 JavaScript 程序，创建一个表单，包含文本输入框和提交按钮，当用户输入内容并提交时，在页面上显示输入的内容。

# 第七章

# BOM 浏览器对象模型

> 了解 BOM 的概念和作用；

> 学习 window 对象的属性和方法；

> 掌握使用 history 对象来控制浏览器的前进、后退操作，以及如何操作浏览器的历史记录；

> 掌握使用 location 对象获取和设置当前页面的 URL，以及如何进行页面重定向；

> 掌握 screen 对象提供的属性，如屏幕的高度和宽度，以及如何使用这些信息来优化用户界面；

> 掌握如何使用 setTimeout( ) 和 setInterval( ) 方法来实现定时任务和周期任务；

> 了解 navigator 对象存在的属性和方法，学会获取浏览器的相关数据。

## 思政目标

> 浏览器对象模型是由多个独立但又相互关联的对象组成的整体，这可以引申为强调整体与部分的关系，让学生理解到在社会和工作中，每个人或每个部门都是整体的一部分，需要相互协作、共同贡献，才能实现整体的目标。引导学生学会从整体的视角出发，理解各个部分在整体中的作用和关系，从而增强全局观念和整体意识。

> BOM 的层次结构和对象之间的关系要求学生具备系统思维和结构化思维。通过学习 BOM，学生可以掌握将复杂系统分解为多个部分进行分析和处理的方法，并理解各部分之间的逻辑关系。学生将学会运用系统思维和结构化思维来分析问题和解决问题，提高思维的条理性和逻辑性。

> 学生将通过编写 JavaScript 代码来操纵 BOM 对象，实现各种交互效果和功能。通过实践操作，学生应掌握将理论知识应用于实际问题的能力，提高实践能力和应用能力。同时，学生在面对实际问题的挑战时，学会解决问题的方法和技巧。

> 在团队合作中，学生将学会与他人有效沟通、协作完成任务。学生将学会倾听他人的意见和建议，尊重他人的观点和贡献，学会在团队中发挥自己的优势，与他人共同协作，实现团队的目标。同时，学生也将学会处理团队中的冲突和分歧，培养良好的团队协作和沟通能力。

# 7.1　BOM 的概念和作用

在实际开发中，经常需要操作浏览器窗口及窗口上的控件，实现用户和页面的动态交互。为了实现这种效果，可以使用浏览器对象模型（browser object model，BOM）进行处理。BOM 属于 JavaScript 的三大组成部分之一（见图 7-1），通过 BOM，开发者可以实现移动窗口、改变状态栏中的文本以及执行其他与页面内容不直接相关的动作。

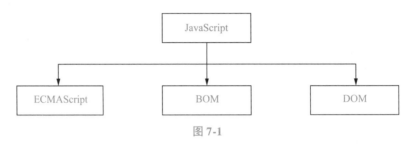

图 7-1

浏览器提供了一系列内置对象，统称为浏览器对象。各内置对象之间按照某种层次组织起来的模型统称为 BOM 浏览器对象模型。从图 7-2 可以看出，window 对象是 BOM 的顶层（核心）对象，其他对象都是以属性的方式添加到 window 对象下，也可以称为 window 的子对象。例如，document 对象是 window 对象下面的一个属性，但是它同时也是一个对象。换句话说，document 相对于 window 对象来说，是一个属性，而 document 相对于 write( ) 方法来说，是一个对象。

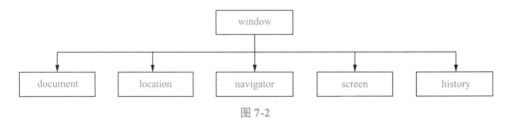

图 7-2

BOM 为了访问和操作浏览器各组件，每个 window 子对象都提供了一系列的属性和方法。下面将对各个子对象的功能进行介绍。

（1）document（文档对象）：也称为 DOM 对象，是 HTML 页面当前窗体的内容，同时也是 JavaScript 重要组成部分之一。

（2）history（历史对象）：主要用于记录浏览器的访问历史记录，也就是浏览网页的前进与后退功能。

（3）location（地址栏对象）：用于获取当前浏览器中 URL 地址栏内的相关数据。

（4）navigator（浏览器对象）：用于获取浏览器的相关数据，如浏览器的名称、版本等信息。

（5）screen（屏幕对象）：可获取与屏幕相关的数据，如屏幕的分辨率、坐标信息等。

值得一提的是，BOM 没有一个明确的规范，所以浏览器提供商会按照各自的想法去扩展 BOM。而各浏览器间共有的对象就成为事实上的标准。不过在利用 BOM 实现具体功能时要根据实际的开发情况考虑浏览器之间的兼容问题，否则会出现不可预料的情况。

# 7.2　window 对象

BOM 的核心是 window 对象，它表示浏览器的一个实例。在浏览器中，window 对象有双重角色，它既是通过 JavaScript 访问浏览器窗口的一个接口，又是 ECMAScript 规定的 Global 对象。这意味着在网页中定义的任何一个对象、变量和函数，都是以 window 对象作为其 Global 对象。

视频讲解

## 7.2.1 　全局作用域

由于 window 对象是 BOM 中所有对象的核心，同时也是 BOM 中所有对象的父对象，所以定义在全局作用域中的变量、函数以及 JavaScript 中的内置函数都可以被 window 对象调用，即所有在全局作用域中声明的变量、函数会变成 window 对象的属性和方法。具体示例如图 7-3 所示。

```
1   var  area = "ChongQing";
2   function getArea(){
3       return this.area;
4   }
5   console.log(area);                  //直接访问变量，输出结果：ChongQing
6   console.log(window.area);           //全局作用域声明的变量作为window对象的属性，输出结果：ChongQing
7   console.log(getArea());             //直接调用函数，输出结果：ChongQing
8   console.log(window.getArea());      //全局作用域声明的函数作为window对象的方法，输出结果：ChongQing
9   console.log(window.Number(area));   //调用内置函数，转换为数值，输出结果： NaN
```

图 7-3

从上述代码可以看出，全局作用域中定义了一个变量 area 和一个函数 getArea( )，都被自动归在了 window 对象名下。因此，定义在全局作用域中的 getArea( ) 函数体内的 this 关键字应该指向 window 对象，可以通过 window. area 访问变量 area，也可以通过 window. getArea( ) 访问函数 getArea( )。同时，对于 window 对象的属性和方法在调用时可以省略 window，直接访问其属性和方法即可。

值得一提的是，在 JavaScript 中直接使用一个未声明的变量会报语法错误，但是使用"window. 变量名"的方式则不会报错，而是获得 undefined 结果，因此，可以通过这种方式判断未声明的变量是否存在。具体示例代码如图 7-4 所示。

```
1    console.log(window.name);            //输出结果：  undefined
2    if(window.name === undefined){
3        console.log('name 变量未定义'); //输出结果：  name 变量未定义
4        }
5    console.log(name);                   // 抛出异常
```

图 7-4

除此之外，全局变量不能通过 delete 运算符删除，而直接在 window 对象上定义的属性可以被删除。具体示例代码如图 7-5 所示。

```
1    var a = "a";
2    window.b = "window.b";
3    c = "c";
4    console.log(delete window.a);        //输出结果: false    表示删除失败
5    console.log(delete window.b);        //输出结果: true     表示删除成功
6    console.log(delete window.c);        //输出结果: true     表示删除成功
7    console.log(window.a);               //输出结果: a
8    console.log(window.b);               //输出结果: undefined
9    console.log(window.c);               //输出结果: undefined
```

图 7-5

## 7.2.2 窗口事件

### 1. window. onload

window. onload 是窗口（页面）加载事件，当文档内容（包括图像、脚本文件、CSS 文件等）加载完成后会触发该事件，调用该事件对应的事件处理函数。

JavaScript 代码是从上往下依次执行的，如果要在页面加载完成后执行某些代码，又想要把这些代码写到页面任意的地方，可以把代码写到 window. onload 事件处理函数中。因为 onload 事件是等页面内容全部加载完毕再去执行处理函数的。

onload 页面加载事件有两种注册方式，分别如下。

方式 1：代码如图 7-6 所示。

```
window.onload = function(){};
```

图 7-6

方式 2：代码如图 7-7 所示。

```
window.addEventListener("load",function(){});
```

图 7-7

需要注意的是，window. onload 注册事件的方式只能写一次，如果有多个，会以最后一个 window. onload 为准。而如果使用 addEventListener( ) 方法，则没有限制，这种方式与直接赋值函数给 window. onload 的效果是一样的，但更加灵活，可以同时监听多个事件，并且可以方便地移除事件监听器。

具体示例代码如图 7-8 所示。

```
1    window.onload = function(){
2        console.log("onload加载完成1")
3    }
4    window.onload = function(){
5        console.log("onload加载完成2")
6    }
7    window.onload = function(){
8        console.log("onload加载完成3")
9    }
10   window.addEventListener("load",function(){
11       console.log("addEvent加载完成1")
12   })
13   window.addEventListener("load",function(){
14       console.log("addEvent加载完成2")
15   })
```

图 7-8

运行结果如图 7-9 所示。

onload加载完成3

addEvent加载完成1

addEvent加载完成2

图 7-9

从上面的代码可以看出，使用 window. onload 注册事件对应的响应代码有三个，与之对应的执行结果只有最后一个；使用 window. addEventListener( ) 方法注册事件对应的响应代码有两个，都得到了执行。说明 window. onload 注册事件的方式如果存在多个响应代码，最后一个会覆盖之前的响应代码，而 window. addEventListener( ) 方法注册事件对应的响应代码都可以得到保留。

### 2. document. DOMContentLoaded

DOMContentLoaded 加载事件会在 DOM 加载完成时触发，即初始的 HTML 文档被完全加载和解析完成之后，DOMContentLoaded 事件被触发，而无须等待样式表、图像等资源的加载完成。因此，该事件的优点在于执行的时机更快。当页面图片等资源很多时，从用户访问到 onload 事件触发可能需要较长的时间，交互效果就很难迅速实现，这样会影响到用户的体验效果，在这时使用 DOMContentLoaded 事件更为合适，只要 DOM 元素加载完即可执行。需要注意的是，该事件有兼容性问题，IE9 以上才支持。

与 onload 事件相比，DOMContentLoaded 事件更符合用户体验，因为它允许在 HTML 文档解析完成后执行代码，而不需要等待其他外部资源的加载。而 onload 事件则是在所有资源加载完成后触发，这可能包括在 DOMContentLoaded 事件之后加载的资源。

### 3. window. onresize 事件

当调整 Windows 窗口或者框架大小的时候，就会触发 window. onresize 事件，调用事件处理函数。该事件有如下两种注册方式。

方式 1：代码如图 7-10 所示。

```
window.onresize = function(){};
```

图 7-10

方式 2：代码如图 7-11 所示。

```
window.addEventListener("resize",function(){});
```

图 7-11

接下来通过案例，获取每次调整窗口大小时窗口的尺寸，示例代码如图 7-12 所示。

```
1     <p>调整窗口大小触发resize事件</p>
2     <p>窗口高度: <span id="height"></span></p>
3     <p>窗口宽度: <span id="width"></span></p>
4
5     <script>
6         var height = document.querySelector("#height");
7         var width = document.querySelector("#width");
8         window.onresize = function(){
9             height.textContent = window.innerHeight;
10            width.textContent = window.innerWidth;
11        }
12    </script>
```

图 7-12

上述代码中，第 8 ~ 第 11 行代码绑定了 onresize 调整窗口事件，当窗口大小改变时，使用 window. innerWidth 和 window. innerHeight 获取当前屏幕的宽度和高度，并在 HTML 当中的 span 元素中显示。

运行结果如图 7-13 所示。

调整窗口大小触发resize事件

窗口高度: 870

窗口宽度: 1342

图 7-13

需要注意的是，由于窗口的大小变化可能非常频繁，因此在编写 window. onresize 事件处理程序时，最好避免执行过重或复杂的操作，以免影响页面的性能和响应速度。

## 7.2.3 | 窗口的打开与关闭

用 JavaScript 可以导航到指定的 URL，并用 open（）方法打开新窗口。具体语法如图 7-14 所示。

```
open(URL, name, specs, replace)
```

图 7-14

该方法接收四个参数：

参数 URL 表示打开指定页面的 URL 地址，如果没有指定，则打开一个新的空白窗口。

参数 name 指定 target 属性或窗口的名称；同时，如果希望 URL 所指的页面能够被载入指定框架，可以使用框架的名字作为参数 name 的取值。

specs 参数用于设置浏览器窗口的特征（如大小、位置、滚动条等），多个特征之间使用逗号分隔，在逗号或等号前后不能有空格。

replace 参数值设置为 true，表示替换浏览历史中的当前条目；设置为 false（默认值），表示在浏览历史中创建新的条目。

一般只用前三个参数，因为最后一个参数只有在调用 open() 方法却不打开新窗口时才有效。

表 7-1 所示的为 name 参数可选值；表 7-2 所示的为 specs 可选数值。

表 7-1

| 可选值 | 含义 |
| --- | --- |
| _blank | 加载到新的窗口，默认值 |
| _parent | 加载到父框架 |
| _self | 替换当前页面 |
| _top | 在最顶层窗口中打开页面 |
| name | 窗口名称 |

表 7-2

| 可选参数 | 值 | 说明 |
| --- | --- | --- |
| left | number | 新创建窗口的左坐标，不能为负值 |
| top | number | 新创建窗口的上坐标，不能为负值 |
| height | number | 新创建窗口的高度，最小值为 100 |
| width | number | 新创建窗口的宽度，最小值为 100 |
| scrollbars | yes｜no | 是否显示滚动条，默认 yes |

续表

| 可选参数 | 值 | 说明 |
|---|---|---|
| toolbar | yes \| no | 是否显示工具栏，默认 no |
| status | yes \| no | 是否显示状态栏，默认 no |
| location | yes \| no | 是否显示地址栏，默认 no |

值得一提的是，与 open（）方法功能相反的是 close（）方法，用于关闭浏览器窗口，调用该方法的对象就是需要关闭的窗口对象。接下来，为了让大家更加清楚地了解窗口打开与关闭的操作，通过下例进行演示。

通过按钮打开或者关闭窗口，代码如图 7-15 所示。

```
1    <input type="button" value="打开新窗口" onclick="openWindow()" />
2    <input type="button" value="关闭窗口" onclick="closeWindow()" />
3    <input type="button" value="检测窗口是否关闭" onclick="checkWindow()" />
```

图 7-15

### 1. 编写 HTML

上述 HTML 外码，设置了三个 button 按钮，其中，第一个触发 openWindow（）函数，用来打开一个新的窗口；第二个触发 closeWindow（）函数，用来关闭打开的窗口；第三个触发 checkWindow（）函数，用来检测窗口的状态。

### 2. 窗口操作

代码如图 7-16 所示。

```
1    <script>
2        var mywin;
3        function openWindow(){
4            mywin = window.open("","mywin","height=200,width=200,left=100,top=150");
5            mywin.document.write("当前窗口名称为: "+mywin.name);
6        }
7        function closeWindow(){
8            mywin.close();
9        }
10       function checkWindow(){
11           if(mywin){
12               var str = mywin.closed?"窗口已关闭":"窗口未关闭";
13           }else{
14               var str = "窗口没有被打开";
15           }
16           alert(str);
17       }
18   </script>
```

图 7-16

第 3 行～第 6 行代码为打开窗口操作，会在屏幕距离左侧 100 像素，上侧 150 像素处创建一个宽 200 像素、高 200 像素，名称为 mywin 的新窗口；新窗口中写入该窗口的名称。

运行结果如图 7-17 所示。

图 7-17

第 7 行 ~ 第 9 行代码为关闭窗口操作，调用 closeWindow（）函数关闭窗口。用户可单击"检测窗口是否关闭"按钮完成对窗口操作的检测，并将检测结果用警告框显示。

运行结果如图 7-18 所示。

图 7-18

在某些情况下，打开新窗口对用户有帮助，但一般来说，最好尽量少弹出窗口。许多网站都开始引入 Web 站点上的弹出式广告，大多数用户对此都觉得很讨厌。于是，许多用户都安装了弹出式窗口的拦截程序，除非用户允许打开某些弹出式窗口，否则它将拦截所有弹出式窗口。弹出式窗口拦截程序并不知道合法弹出式窗口与广告之间的区别，因此最好在弹出窗口时警告用户。

## 7.2.4 ▍ 窗口的操作

window 对象对操作浏览器窗口（和框架）非常有用。这意味着，开发者可以移动浏览器窗口或调整浏览器窗口的大小。浏览器窗口移动或调整的方法如表 7-3 所示；示例代码如图 7-19 所示。

表 7-3

| 方法名字 | 说明 |
|---|---|
| moveBy（x，y） | 将窗口相对于当前位置水平移动 x 像素，垂直移动 y 像素 |
| moveTo（x，y） | 将窗口左上角移动到屏幕的（x，y）处 |
| resizeBy（x，y） | 将窗口的宽度调整 x 像素，高度调整 y 像素 |
| resizeTo（x，y） | 将窗口的宽度调整为 x 像素，高度调整为 y 像素。x，y 不能使用负数 |

```
1   window.moveBy(10,20);        //将窗口水平向右移动10像素，垂直往下移动20像素
2   window.resizeTo(150,300);    //将窗口的宽度调整为150像素，高度调整为300像素
3   window.resizeBy(150,0);      //将窗口的宽度增大150像素，高度不变
4   window.moveTo(0,0);          //将窗口的左上角移动到屏幕的(0,0)位置
```

图 7-19

在表 7-3 中，目前只有通过 window. open（）方法打开的窗口，FireFox 和 Chrome 浏览器才支持窗口位置和大小的调整。

除了获取或更改 Windows 性窗口大小和位置的方法，BOM 还提供了获取窗口位置和大小、文档区域大小的相关属性，如表 7-4 所示。

表 7-4

| 属性名字 | 说明 |
|---|---|
| screenLeft | 返回相对于屏幕窗口的 X 坐标（Firefox 不支持） |
| screenTop | 返回相对于屏幕窗口的 Y 坐标（Firefox 不支持） |
| screenX | 返回相对于屏幕窗口的 X 坐标（IE8 不支持） |
| screenY | 返回相对于屏幕窗口的 Y 坐标（IE8 不支持） |
| innerHeight | 返回窗口的文档显示区的高度（IE8 不支持） |
| innerWidth | 返回窗口的文档显示区的宽度（IE8 不支持） |
| outerHeight | 返回窗口的外部高度，包含工具条与滚动条（IE8 不支持） |
| outerWidth | 返回窗口的外部宽度，包含工具条与滚动条（IE8 不支持） |

为了更好地理解这些属性和方法的使用，下面通过示例进行演示。

【案例 7-1】通过按钮调整窗口位置和大小。

（1）编写 HTML 页面，代码如图 7-20 所示。

```
1  <input  type="button"  value="打开窗口"  onclick="openWindow()"/>
2  <input  type="button"  value="调整窗口位置和大小"  onclick="changeWindow()"/>
```

图 7-20

（2）窗口操作，代码如图 7-21 所示。

```
1     <script>
2         var myWindow;
3         function openWindow(){
4             myWindow = window.open("","mywin","height=300,width=300");
5             getWindowPosSize();//获取窗口信息
6         }
7         function changeWindow(){
8             myWindow.moveBy(200,200);      //将mywin窗口下移200像素，右移200像素
9             myWindow.focus();              //使mywin窗口获取焦点，避免被窗口遮挡
10            myWindow.resizeTo(500,500);    //将mywin窗口宽度修改为500像素，高度修改为500像素
11            getWindowPosSize();            //获取窗口信息
12        }
13        function getWindowPosSize(){
14            //获取相对于屏幕窗口的坐标位置
15            var x = myWindow.screenLeft;
16            var y = myWindow.screenTop;
17            //获取文档的高度和宽度
18            var innerHeight = myWindow.innerHeight;
19            var innerWidth = myWindow.innerWidth;
20            //获取窗口的高度和宽度
21            var outerHeight = myWindow.outerHeight;
22            var outerWidth = myWindow.outerWidth;
23            //在页面中显示相关信息
24            myWindow.document.write('<p>相对于屏幕窗口坐标位置：('+x+','+y+')</p>');
25            myWindow.document.write('<p>文档的高度和宽度：('+innerHeight+','+innerWidth+')</p>');
26            myWindow.document.write('<p>窗口的高度和宽度：('+outerHeight+','+outerWidth+')</p><hr/>');
27        }
28    </script>
```

图 7-21

在上述代码中，在第 2 行定义了一个变量 myWindow，当单击"打开窗口"按钮后，首先会调用 openWindow() 函数新建一个窗口，并保存在 myWindow 变量中，然后通过调用 getWindowPosSize() 函数在新窗口中显示相关的信息，包括窗口坐标、文档的高度和宽度、窗口的高度和宽度，效果如图 7-22（a）所示。接下来单击"调整窗口位置和大小"按钮，就会调用第 7 行定义的 changeWindow() 函数移动窗口的位置，并改变窗口的大小，同样通过 getWindowPosSize() 函数获取改变后的窗口信息，效果如图 7-22（b）所示。

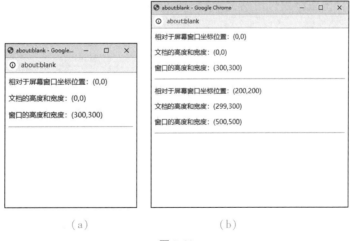

（a）　　　　　　　　　（b）

图 7-22

尽管移动浏览器窗口和调整它的大小是很酷的操作，但应该尽量少用它们。移动浏览器窗口和调整它的大小会对用户产生影响，因此专业的 Web 站点和 Web 应用程序都避免使用它们。

## 7.2.5 | 定时器

在 JavaScript 中，可以通过 window 对象提供的方法实现在指定时间后执行特定操作，也可以让程序代码每隔一段时间执行一次操作。window 对象包含 4 个定时器专用方法，如表 7-5 所示，使用它们可以实现代码定时或者周期运行的效果。

表 7-5

| 方法 | 说明 |
|---|---|
| setInterval( ) | 按照指定周期（以毫秒计）调用函数或计算表达式 |
| setTimeout( ) | 在指定的毫秒数后调用函数或计算表达式 |
| clearInterval( ) | 取消由 setInterval( ) 方法生成的定时器对象 |
| clearTimeout( ) | 取消由 setTimeout( ) 方法生成的定时器对象 |

**1. setTimeout( ) 方法**

setTimeout( ) 方法能够在指定的时间段后执行特定代码。语法格式如图 7-23 所示。

```
var timerID = setTimeout(code,delay);
```

图 7-23

参数 code 表示要延迟执行的代码语句，一般多用函数表示；delay 表示延迟执行的时间，以毫秒为单位。该方法返回的值是一个 TimerID，这个 ID 编号指向延迟执行的代码控制句柄。如果把这个句柄传递给 clearTimeout( ) 方法，则会取消代码的延迟执行。

【案例 7-2】当鼠标移过段落文本时，会延迟半秒钟弹出一个提示对话框，显示当前元素的名称。

（1）编写 HTML 页面，代码如图 7-24 所示。

```
1    <p>静夜思 李白</p>
```

图 7-24

（2）代码如图 7-25 所示。

```
1    <script>
2        var p = document.querySelector("p");
3        p.onmouseover = function(){
4            setTimeout(function(){
5                alert(p.innerHTML);
6            },500);
7        }
8    </script>
```

图 7-25

setTimeout（）方法的第 1 个参数虽然是字符串，但是也可以把 JavaScript 代码封装在一个函数体内，然后把函数名作为参数传递给 setTimeout（）方法，等待延迟调用，这样就避免了传递字符串的疏漏和麻烦。

【案例 7-3】本例演示了如何为集合中每个元素都绑定一个事件延迟处理函数。

（1）编写 HTML 页面，代码如图 7-26 所示。

```
1        <p>静夜思 李白</p>
2        <p>床前明月光</p>
3        <p>疑是地上霜</p>
4        <p>举头望明月</p>
5        <p>低头思故乡</p>
```

图 7-26

（2）代码如图 7-27 所示。

```
1        <script>
2            var pList = document.querySelectorAll("p");
3
4            for(var i = 0;i < pList.length;i++){
5                pList[i].onmouseover = function(){
6                    delayOperation(this);
7                };
8            }
9
10           function delayOperation(node){
11               setTimeout(function(){
12                   alert(node.innerHTML);
13               },500);
14           }
15       </script>
```

图 7-27

这样当鼠标移过每个 body 元素下的 p 元素时，都会延迟半秒钟后弹出一个提示对话框，提示该元素的文本内容。运行结果如图 7-28 所示。

图 7-28

除了延迟执行一次函数外，setTimeout（）方法还可以用来实现循环延迟执行。我们只需要在函数内部实现 setTimeout() 功能，并通过 setTimeout() 代码延迟调用函数的方式，来实现指定时间间隔循环功能。

同时，如果想要在启动后，取消该延迟执行操作，可以将 setTimeout() 的返回值（即定时器 ID）传递给 clearTimeout() 方法即可。

【案例 7-4】在页面内的文本框中按秒针速度显示递增的数字，当循环执行 10 次后，清除代码的执行，并弹出提示信息。

代码如图 7-29 所示。

```
1    <input type="text"/>
2    <script>
3        var node = document.querySelector("input");
4        var i = 0;
5        function func(){
6            var out = setTimeout(                    //定义延迟执行的方法
7                function(){
8                    node.value = i++;                //数字递加，并显示在input文本框中
9                    func();                          //重复执行延迟执行的方法
10               },1000);
11           if(i > 10){                              //重复执行次数超过10次，则停止执行，并弹出提示信息
12               clearTimeout(out);
13               alert('10秒钟已到!!!');
14           }
15       }
16       func();
17   </script>
```

图 7-29

### 2. setInterval（ ）方法

setInterval（ ）方法能够周期性执行指定的代码，如果不加以处理，那么该方法将会被持续执行，直到浏览器窗口被关闭，或者跳转到其他页面为止。语法格式如图 7-30 所示。

$$var\ timeID = setInterval(code,interval);$$

图 7-30

该方法的用法与 setTimeout() 方法的基本相同。其中，参数 code 表示要周期执行的代码字符串，而 interval 参数表示周期执行的时间间隔，以毫秒为单位。该方法返回的值是一个 TimerID，这个 ID 编号指向对当前周期函数的执行的引用，利用该值对计时器进行访问。如果把这个值传递给 clearInterval() 方法，则会强制取消周期性执行的代码。

此外，setInterval() 方法的第一个参数如果是一个函数，则 setInterval() 方法还可以跟随任意多个参数，这些参数将作为此函数的参数使用。语法格式如图 7-31 所示。

$$var\ timeID = setInterval(code,interval[,arg1,arg2,\cdots,argn]);$$

图 7-31

【案例 7-5】针对案例 7-4，可以进行如图 7-32 所示的改进。

```
1    <input type="text"/>
2    <script>
3        var node = document.querySelector("input");
4        var i = 0;
5        function func(){
6            var out = setInterval(                    //定义周期执行的方法
7                function(){
8                    node.value = i++;                 //数字递加，并显示在input文本框中
9                    if(i > 10){                       //重复执行次数超过10次，则停止执行，并弹出提示信息
10                       clearInterval(out);
11                       alert('10秒钟已到!!!');
12                   }
13               },1000);
14           }
15           func();
16   </script>
```

图 7-32

在案例 7-4 中采用的是 setTimeout( ) 延迟执行函数的方式实现的循环，在该示例中利用 setInterval( ) 函数周期性的方式来实现其功能。在满足指定次数（10 次）后，将通过 clearInterval( ) 函数将 out 所指向的 setInterval( ) 功能关闭掉，否则将会持续执行，直至浏览器关闭或页面跳转。

下面使用 setInterval( ) 方法演示计数器的效果。

【案例 7-6】计数器的效果。

（1）编写 HTML 页面，代码如图 7-33 所示。

```
1    <input type="button" value="开始计数" onclick="start()"/>
2    <input type="text" id="num" value="0"/>
3    <input type="button" value="停止计数" onclick="stop()"/>
```

图 7-33

（2）代码如图 7-34 所示。

```
1    <script>
2        var timeID = null;
3        var number = 0;
4
5        function  start(){                                        //周期执行
6            timeID = setInterval(
7                function(){
8                    document.querySelector("#num").value = number;  //在文本框中显示数据
9                    number++;                                       //计数加1
10               }
11               ,1000);                                            //设定执行周期为1秒
12           }
13       function stop(){
14           clearInterval(timeID);                                 //清除周期执行功能
15       }
16   </script>
```

图 7-34

第 2 行代码定义的变量 timeID，用于保存 setInterval( ) 方法的返回值 ID，在第 14 行删除定时器时使用。第 3 行的变量 number 用于初始化计数的值，用于显示到指定的文本框中。当用户单击"开始计数"按钮时，调用第 5 行的 start( ) 函数，开始每隔 1 秒钟执行一次，将 number 显示到指定文本框当中，并且变量 number 是全局变量，因此

其值会被累加，实现计数效果。当用户单击"停止计数"时，则清除定时器，中断计数。运行结果如图 7-35 所示。

图 7-35

setTimeout( ) 和 setInterval( ) 方法在用法上有几分相似，不过两者的区别也很明显，setTimeout( ) 方法只运行一次，也就是说当达到设定的时间后就开始运行指定的代码，运行完后就结束了；setInterval( ) 是循环执行的，即每达到指定的时间间隔就执行相应的函数或者表达式，只要窗口不关闭或不调用 clearInterval( ) 方法就会无限循环下去。

# 7.3 location 对象

BOM 中 location 对象存储当前页面与位置 URL 相关的信息，表示当前显示文档的 Web 地址，可以使用 window 对象的 location 属性访问；而 location 对象提供的方法，可以更改当前用户在浏览器中访问的 URL，实现新文档的载入、重载以及替换等功能。

接下来将对如何在 JavaScript 实现 URL 的更改进行详细讲解。

## 7.3.1 认识 URL

在 Internet 上访问的每一个网页文件，都有一个访问标记符，用于唯一标识它的访问位置，以便浏览器可以访问到，这个访问标记符称为 URL( uniform resource locator，统一资源定位器)。

URL 包含了网络协议、服务器主机名、端口号、资源名称字符串、参数以及锚点，具体示例如图 7-36 所示。

```
https://www.cqvist.net/index.php?c=show&id=4827
```

图 7-36

在上面的 URL 中，"https" 表示传输数据所使用的协议；"www. cqvist. com"表示要请求的服务器主机名；"/index. php"表示要请求的资源，"c = show&id = 4827"表示用户传递的参数。由于这里使用的是 https 协议，Web 服务器的默认端口号为 443，主机名后面通常省略了"：443"；如果使用的是 http 协议，Web 服务器的默认端口号为 80，在主机名后面通常也可以省略。

## 7.3.2 ┃ 认识 URL 的属性

location 对象定义了 8 个属性，其中 7 个属性分别指向当前 URL 的各部分信息，另一个属性（href）包含了完整的 URL 信息，详细说明如表 7-6 所示。

表 7-6

| 属性 | 说明 |
|------|------|
| href | 当前显示文档的完整 URL；把该属性设置为新的 URL 会使浏览器读取并显示新的 URL 内容 |
| protocol | URL 的协议部分：如 "http：" |
| host | URL 中的主机名和端口部分，如 "https：//www. cqvist. net：443" |
| hostname | URL 中的主机名，如 "www. cqvist. net" |
| port | URL 中的端口部分，如 "443" |
| pathname | URL 中的路径部分，如 "/index. php" |
| search | URL 中的查询部分，如 "？c = show&id = 4827" |
| hash | URL 中的锚部分，指定文档中锚点的位置 |

【案例 7-7】打开图 7-37 所示的 URL 网页，在控制台编写语句输出当前页面的 location 属性。

在浏览器打开：https：//www. cqvist. net/index. php？c = show&id = 4827。

图 7-37

编写语句查看输出结果，如图 7-38 所示。

```
1      console.log(location.protocol)      //输出结果: https
2      console.log(location.host)          //输出结果: www.cqvist.net
3      console.log(location.hostname)      //输出结果: www.cqvist.net
4      console.log(location.port)          //输出结果: 空值
5      console.log(location.pathname)      //输出结果: /index.php
6      console.log(location.search)        //输山结果: ?c=show&id=4827
```

图 7-38

在以上代码中，第 2 行代码应该输出主机名和端口，但是打开的网页采用了默认端口，没有显示在 URL 字符串中，所以输出结果只有主机名。同理，第 4 行输出结果为空值。如果当前页面的 URL 中没有 search 字符串信息，可以在浏览器的地址栏中补加完整的查询字符串，如"？key1 = value1&key2 = value2"，然后再次刷新页面，即可显示查询的 search 字符串信息。

location 对象的属性都是可读可写的，如果把一个含有 URL 的字符串赋给 location 对象或它的 href 属性，浏览器就会把新的 URL 所指的文档装载并显示出来。如图 7-39 所示，两种都可以跳转到对应的网页。

```
1      location.href = "https://www.cqvist.net"      //页面会自动跳转到对应的网页
2      location = "https://www.cqvist.net"           //页面会自动跳转到对应的网页
```

图 7-39

如果改变了 location. hash 属性值，则页面会跳转到新的锚点位置，但此时页面是不会重载的。如果需要 URL 其他信息，例如，要获取网页的名称或者文件扩展名，就可以通过字符串处理方法进行处理，如图 7-40 所示。

```
1      var pathname = location.pathname
2      var filename = pathname.substring(pathname.lastIndexOf('/')+1)      //输出结果:    index.php
3      var filetype = pathname.substring(pathname.lastIndexOf('.')+1)      //输出结果:    php
```

图 7-40

【案例 7-8】在网页开发中，经常利用定时跳转的效果，为用户提供一个短时的信息提示。例如，用户注册成功后，页面停留 3 秒显示提示信息，然后跳转到其他页面。接下来，通过定时器和 location 对象完成定时跳转功能。具体步骤如下。

（1）编写 HTML 页面，代码如图 7-41 所示。

```
1      <div>
2          <h2>注册成功</h2>
3          <a href="https://www.cqvist.net">
4              <span id="secs">3</span>秒后系统会自动跳转到学院首页，也可单击此链接直接跳转
5          </a>
6      </div>
```

图 7-41

上述第 1～第 6 行代码用于注册成功 3 秒后，自动跳转到指定的页面中。若不想等待，则可直接单击给出的链接跳转。

（2）代码如图 7-42 所示。

```
1   <script>
2       function timingRedirect(secs,url){
3           var seconds = document.querySelector("#seconds");
4           seconds.innerHTML = secs--;
5           if(secs > 0){
6               setTimeout('timingRedirect('+secs+',\''+url+'\')',1000);
7           }else{
8               location.href = url;
9           }
10      }
11      timingRedirect(3,'https://www.cqvist.net');
12  </script>
```

图 7-42

在上述代码中，timingRedirect( ) 函数的参数 secs 和 url，分别表示指定跳转的时间（秒）和 URL 地址。第 4 行用于将初始的秒数减 1 后写入节点内容，第 5～第 9 行用于判断时间 secs 是否大于 0，若大于 0，则继续计数，否则直接跳转到指定的页面中。在第 11 行调用 timingRedirect( ) 函数后，运行结果如图 7-43 所示。

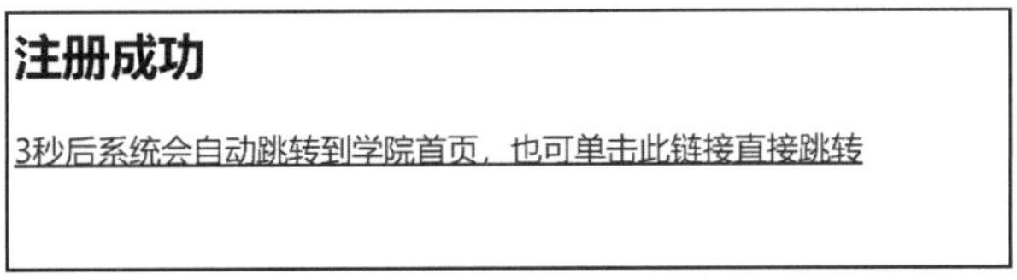

**注册成功**

3秒后系统会自动跳转到学院首页，也可单击此链接直接跳转

图 7-43

## 7.3.3　URL 的操作

location 对象提供了一些用于改变 URL 地址的方法，目前所有主流的浏览器都支持这些方法，具体如表 7-7 所示。

表 7-7

| 方法 | 说明 |
| --- | --- |
| assign( ) | 载入一个新的文档 |
| reload( ) | 重新载入当前文档 |
| replace( ) | 用新的文档替换当前文档 |

在表 7-7 中，reload( ) 方法的唯一参数是一个布尔类型值，将其设置为 true 时，会绕过缓存，从服务器上重新下载该文档，类似于浏览器中的刷新页面按钮。

为了更好地理解这几个方法的使用，下面通过例子来演示 URL 的更改。

【案例 7–9】 使用 location 对象的方法演示 URL 的改变。

（1） 编写 HTML 页面，代码如图 7-44 所示。

```
1    <input  type="button" value="载入新文档" onclick="loadPage()"/>
2    <input  type="button" value="刷新页面" onclick="refresh()"/>
3    <p id="time"></p>
```

图 7-44

（2） 代码如图 7-45 所示。

```
1    <script>
2        //获取当前页面载入的时间
3        var date = new Date();
4        var time = date.toLocaleTimeString();
5        document.querySelector('#time').innerHTML = time;
6
7        //载入新文档
8        function loadPage(){
9            location.assign('https://www.cqvist.net');
10       }
11       //刷新文档
12       function refresh(){
13           location.reload(true);
14       }
15   </script>
```

图 7-45

上述第 3 ~ 第 5 行代码用于获取当前页面载入的时间，并将其写入 ID 为 time 的节点中。当用户单击 "载入新文档"按钮时，执行第 8 ~ 第 10 行代码，访问 URL 为 "https：//www.cqvist.net"网站；单击 "刷新页面" 按钮，执行第 12 ~ 第 14 行代码，通过查看当前文档显示的时间验证当前文档是否重新载入。效果如图 7-46 所示。

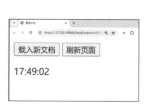  

图 7-46

虽然 location 对象提供的三种方法都可以实现 URL 的改变，但三种方法有细微差异，在实际使用过程中应加以区分。

assign（）：采用这种方式导航，新地址将被加到浏览器的历史记录中，意味着返回按钮会导航到调用了历史记录列表中上一页的页面。

reload（）：可以重新装载当前文档，当参数为空时，会从浏览器缓存加载；如果参数为 true 时，强制从服务器端加载文档页面。

replace（）：可以装载一个新文档而无须为它创建一个新的历史记录。也就是说，在浏览器的历史列表中，新文档将替换当前文档，这样在浏览器中就不能通过历史列表返回当前文档。对那些使用了框架并且显示多个临时页面的网站来说，replace（）方法比较有用，这样临时页面都不被存储在历史列表中。

# 7.4　navigator 对象

navigator 对象是最早实现的 BOM 对象之一，它包含大量有关 Web 浏览器的信息。它也是 window 对象的属性，可以用 window. navigator 引用，也可以用 navigator 引用。虽然微软公司最初把 Netscape 的浏览器称为 navigator，但 navigator 对象没有统一的公开标准，不同浏览器对其支持相差很大，导致各个浏览器都有自己不同的 navigator 版本。同时，由于缺乏标准阻碍了 navigator 对象的发展，不过所有浏览器都支持该对象，navigator 对象成了一种事实标准。

navigator 对象提供了有关浏览器的信息，每个浏览器中的 navigator 对象都有一套自己的属性。

下面列举主流浏览器中存在的属性和方法，如表 7-8 所示。

表 7-8

| 分类 | 名称 | 说明 |
| --- | --- | --- |
| 属性 | appCodeName | 返回浏览器的内部名称 |
| | appName | 返回浏览器的名称 |
| | appVersion | 返回浏览器的平台和版本信息 |
| | cookieEnabled | 返回指明浏览器中是否启用 cookie 的布尔值 |
| | platform | 返回运行浏览器的操作系统平台 |
| | userAgent | 返回由客户端发送服务器的 user-agent 头部的值 |
| | onLine | 返回浏览器是否在线，在线返回 true，否则返回 false |
| | language | 返回浏览器使用的语言 |
| 方法 | javaEnabled（） | 指定是否在浏览器中启用 Java |

接下来，通过一段代码演示 Chrome 浏览器中相关属性和方法的执行，具体示例代码如图 7-47 所示。

```
1    <script>
2        console.log('浏览器内部名称: '+navigator.appCodeName);
3        console.log('浏览器名称: '+navigator.appName);
4        console.log('是否启用cookie: '+navigator.cookieEnabled);
5        console.log('运行浏览器的操作系统平台: '+navigator.platform);
6        console.log('是否启动Java: '+navigator.javaEnabled());
7        console.log('user-agent的值: '+navigator.userAgent);
8        console.log('浏览器是否在线: '+navigator.onLine);
9        console.log('浏览器使用的语言: '+navigator.language);
10   </script>
```

图 7-47

通过在浏览器测试，在控制台可以查看到对应的输出信息，如图 7-48 所示。

图 7-48

在判断浏览器页面采用的是哪种浏览器时，navigator 对象非常有用。在互联网上可以迅速检索到许多检测浏览器的方法，它们都大量地利用了 navigator 对象。

navigator 对象提供了获取浏览器信息和功能的接口，可以用于判断浏览器的特性和支持的功能，许多检测浏览器的方法都大量地利用了 navigator 对象。同时，在编写 Web 应用时，面对不同的浏览器，根据获取的浏览器信息，应该采取不同的处理方式。

## 7.5　screen 对象

screen 对象用于返回当前渲染窗口中与屏幕相关的属性信息，这些信息可以用来探测客户端硬件的基本配置，如屏幕的宽度、高度和分辨率等。需要注意的是，目前没有应用于 screen 对象的公开标准，不过所有浏览器都支持该对象，每个浏览器中的 screen 对象都包含着不同的属性。

利用 screen 对象可以优化程序的设计，满足不同用户的显示要求。表 7-9 展示了主流浏览器中支持的 screen 属性。

表 7-9

| 属性 | 说明 |
| --- | --- |
| availHeight | 返回屏幕的高度（不包括 Windows 任务栏） |
| availWidth | 返回屏幕的宽度（不包括 Windows 任务栏） |
| colorDepth | 返回目标设备或缓冲器上的调色板的比特深度 |
| height | 返回屏幕的总高度 |
| width | 返回屏幕的总宽度 |
| pixelDepth | 返回屏幕的分辨率（每色素的位数） |

下面通过示例输出当前浏览器环境的属性信息，如图 7-49 所示。

```
1 ⊟    <script>
2          document.write("<p>屏幕分辨率: ")
3          document.write(screen.width + "*" + screen.height + "</p>")
4          document.write("<p>屏幕可显示面积: ")
5          document.write(screen.availWidth + "*" + screen.availHeight + "</p>")
6          document.write("<p>颜色深度: ")
7          document.write(screen.colorDepth + "</p>")
8          document.write("<p>屏幕的颜色分辨率 (比特/像素): ")
9          document.write(screen.pixelDepth + "</p>")
10    </script>
```

图 7-49

在 Chrome 浏览器环境下输出结果，如图 7-50 所示。

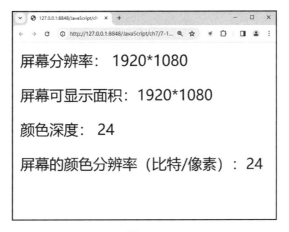

图 7-50

虽然出于安全原因，有关用户系统的大多数信息都被隐藏了，但还可以用 screen 对象获取某些关于用户屏幕的信息。例如，用户可以根据显示器屏幕大小选择使用图像的大小，或者打开新窗口时设置居中显示等。

【案例 7-10】设计代码让弹出的窗口居中显示。

代码如图 7-51 所示。

```
1     <script>
2         function center(url){
3             var w = screen.availWidth/2;              //获取客户端屏幕宽度的一半
4             var h = screen.availHeight/2;             //获取客户端屏幕高度的一半
5             var t = (screen.availHeight - h)/2;       //计算居中显示时顶部坐标
6             var l = (screen.availWidth - w)/2;        //计算居中显示时左侧坐标
7             var p = 'top='+t+',left='+l+',width='+w+',height='+h;  //坐标参数字符串
8
9             var win = window.open(url,'win',p);       //打开指定窗口，并传递参数字符串
10            win.focus();                              //获取窗口焦点
11         }
12         center('https://www.cqvist.net');            //调用该函数
13    </script>
```

图 7-51

运行结果如图 7-52 所示。

图 7-52

同样地，在确定新窗口的大小时，availHeight 和 availWidth 属性非常有用。例如，可以使用图 7-53 所示的代码填充用户的屏幕。

```
1  <script>
2      var win = window.open('https://www.cqvist.net','win','width=200,height=200');
3      win.moveTo(0,0);
4      win.resizeTo(screen.availWidth,screen.availHeight);
5      win.focus();
6  </script>
```

图 7-53

利用 screen 对象，通过 JavaScript 可以获取和修改屏幕的相关信息，从而可以根据屏幕特性来调整网页的布局、样式和行为，这对于开发响应式网站或移动端应用非常重要。

## 7.6　history 对象

BOM 中提供的 history 对象能存储浏览器窗口的浏览历史，通过 window 对象的 history 属性可以访问该对象，并对用户在浏览器中访问过的 URL 历史记录进行操作。

但实际上，history 对象存储的只是最近访问的、有限条目的 URL 信息。出于隐私方面的原因，history 对象禁止 JavaScript 脚本直接操作这些 URL 信息，但可以控制浏览器实现"后退"和"前进"的功能。具体相关的属性和方法如表 7-10 所示。

表 7-10

| 分类 | 名称 | 说明 |
|------|------|------|
| 属性 | length | 返回历史列表中的网址数 |
| 方法 | back( ) | 加载 history 历史列表中的前一个 URL |
| | forward( ) | 加载 history 历史列表中的下一个 URL |
| | go( ) | 加载 history 历史列表中某个具体页面 |

在 history 对象提供的三个方法中，back( ) 方法只能返回到历史列表中的前一个 URL，forward( ) 方法只能返回到历史列表中的下一个 URL，back( ) 方法和 forward( ) 方法与浏览器软件中的"后退"和"向前"按钮功能相一致。

而 go( ) 方法则比较灵活，它能够根据参数决定可访问的 URL。如果参数为正整数，浏览器就会在历史列表中向前移动；如果参数为负整数，浏览器就会在历史列表中向后移动。例如，history. go( -1 ) 等价于 history. back( )，而 history. go( 1 ) 等价于 history. forward( )，history. go( 0 ) 等价于刷新页面。如果参数为一个字符串，则 history 对象能够从浏览历史中检索包含该字符串的 URL，并访问第一个检索到的 URL。

需要注意的是，每个窗口都有独立的历史记录，并通过独立的 history 属性引用。当打开新建窗口时，由于历史记录为空，所以这时候使用 history 对应的方法都是无效的。

为了让大家更好地理解历史记录的使用，通过下面例子进行演示。

【案例 7-11】实现 history 的前进和后退功能。

（1）实现"前进"功能。

编写 forword. html 文件，在文件中添加两个按钮：一个用于载入新的文档 back. html；另一个用于"前进"。代码如图 7-54 所示。

```
1    <input type="button"  value="前进" onclick="goForward()"/>
2    <input type="button"  value="新网页" onclick="loadPage()"/>
3    <script>
4        function loadPage(){                    //打开新的文档
5            location.assign('back.html');
6        }
7        function goForward(){                   //前进
8            history.go(1);
9        }
10   </script>
```

图 7-54

上述代码中，单击"新网页"按钮，就是利用 location 对象的 assign( ) 方法打开当前网页所在目录下的 back. html 文件。

（2）实现"后退"功能。

编写 back. html 文件，添加一个"后退"按钮，代码如图 7-55 所示。

```
1    <input type="button"  value="后退"  onclick="goBack()"/>
2    <script>
3        function goBack(){
4            history.go(-1);
5        }
6    </script>
```

图 7-55

首先运行 forward. html 页面，显示效果如图 7-56（a）所示，此时因为刚刚打开窗口显示页面，在 URL 历史列表里是没有记录的，所以浏览器左上角的后退与前进是不能使用的；当在页面单击"新网页"按钮，利用 location 对象的 assign（）方法打开当前网页所在目录下的 back. html 文件，显示效果如图 7-56（b）所示，页面显示后退按钮，此时 URL 历史列表中存在历史记录，所以浏览器左上角的后退按钮可用，前进按钮不可用；当单击 back. html 文件中的"后退"按钮时，页面切换到 forward. html 页面，显示效果如图 7-56（c）所示，此时浏览器后退按钮不可用，前进按钮可用。

（a）　　　　　　　　　　（b）　　　　　　　　　　（c）

图 7-56

可以尝试一下，把 forword. html 文件代码第 8 行中的 go（1）方法，更换为 forward（）方法，把 back. html 文件代码第 4 行中的 go（-1）方法更换为 back（）方法，观察效果是否一样。

## 本 章 小 结

浏览器对象模型 BOM 以 window 对象为依托，表示浏览器窗口以及页面可见区域，了解 BOM 及它提供的各种对象，其他 BOM 对象都是 window 对象的属性等。

本章介绍了 Windows 浏览器窗口和框架，并使用 JavaScript 代码移动并调整它们的大小；利用 location 对象，可以访问和改变窗口的地址，在 location 对象中，调用 replace（）方法可以导航到一个新 URL，同时会替换浏览器历史记录中当前显示的页面；navigator 对象提供了与浏览器有关的信息，介绍了主流浏览器具备的属性和方法，但没有统一的公开标准，不同浏览器对 navigator 对象支持相差很大。介绍了 BOM 中的两个对象 screen 和 history，screen 对象中保存着与客户端显示器有关的信息，history 对象既可以判断历史记录的数量，也可以在用户访问过的页面中前进或后退。

# 课后练习

一、选择题

1. BOM 的全称是（　　　）。

A. browser object model

B. basic object model

C. binary object model

D. browser operation model

2. 全局作用域指的是（　　　）。

A. 仅在函数内部可用的变量和函数

B. 可在整个代码中访问的变量和函数

C. 仅在特定文件中可用的变量和函数

D. 仅在特定块中可用的变量和函数

3. 可以打开一个新窗口的方法是（　　　）。

A. window. close( )

B. window. open( )

C. window. alert( )

D. window. prompt( )

4. 返回当前窗口的 URL 的属性是（　　　）。

A. window. href

B. window. location

C. window. URL

D. window. document

5. 定时器中用于设置间隔执行函数的方法是（　　　）。

A. setTimeout( )

B. setInterval( )

C. clearTimeout( )

D. clearInterval( )

6. 可以获取 URL 主机名的属性是（　　　）。

A. location. hostname

B. location. host

C. location. origin

D. location. href

7. navigator 对象的（　　　）属性返回浏览器的用户代理字符串。

A. appName　　　　　B. userAgent　　　　　C. platform　　　　　D. language

8. screen 对象的（　　　）属性返回屏幕的宽度。

A. screen. height

B. screen. width

C. screen. availHeight

D. screen. availWidth

9. history 对象的 pushState( ) 方法的作用是（　　　）。

A. 前进到历史记录的下一个页面

B. 后退到历史记录的上一个页面

C. 添加一个新的历史记录条目

D. 替换当前历史记录条目

10. （　　　）属性返回当前页面的查询字符串部分。

A. location. hash

B. location. search

C. location. query

D. location. param

## 二、判断题

1. window 对象在 JavaScript 中是全局对象。（　　　）

2. URL 中的 hash 属性返回的是 URL 中的协议部分。（　　　）

3. navigator 对象主要提供浏览器的信息，如用户代理、平台等。（　　　）

4. screen 对象提供当前窗口的位置信息。（　　　）

5. history 对象允许对浏览器的历史记录进行前进和后退操作。（　　　）

6. location 对象的 reload() 方法用于重新加载当前文档。（　　　）

7. window. setInterval() 方法用于设置一次性定时器。（　　　）

8. window. open() 方法可以接受 URL 和窗口名称两个参数。（　　　）

9. 使用 window. close() 方法可以关闭任何窗口，而不仅仅是由 window. open() 打开的窗口。（　　　）

10. history 对象的 length 属性返回浏览器历史记录的条目数。（　　　）

## 三、填空题

1. JavaScript 中的 BOM 代表 _____。

2. 使用 window 对象的方法 _____ 可以关闭当前窗口。

3. URL 的属性 pathname 返回 _____。

4. 使用 location 对象的 _____ 方法可以重新加载页面。

5. navigator 对象的 _____ 属性返回浏览器的用户代理字符串。

6. window 对象的 _____ 属性表示浏览器窗口的高度。

7. 定时器的 setTimeout () 方法的第一个参数是 _____。

8. URL 中的 hash 属性返回 _____。

9. location 对象的 _____ 属性返回当前文档的完整 URL。

10. screen 对象的 _____ 属性返回屏幕的高度。

## 四、简答题

1. 解释 BOM 的作用及其在 Web 开发中的重要性。

2. 描述全局作用域在 JavaScript 中的概念，并举例说明。

3. 列出并解释常见的窗口事件，如 onload 和 onunload。

4. 如何使用 JavaScript 操作窗口的大小和位置？请给出代码示例。

5. 什么是定时器？解释 setTimeout() 方法和 setInterval() 方法的区别，并给出使用示例。

6. 解释 URL 的组成部分，并描述每个部分的作用。

7. 描述 navigator 对象的主要属性及其用途。

8. 说明 screen 对象的作用，并列举其常用属性。

9. 解释 history 对象的作用，并描述如何使用其方法实现页面导航。

10. 描述 location 对象的属性和方法，并给出操作 URL 的代码示例。

第八章

正则表达式

学习目标

➢ 了解正则表达式；

➢ 熟练创建正则表达式；

➢ 熟练使用正则表达式；

➢ 掌握正则表达式中元字符的使用；

➢ 掌握正则表达式中模式修饰符的使用。

思政目标

➢ 正则表达式需要我们具备精确的逻辑思维，以构造出能够准确匹配目标文本的表达式。在编写正则表达式时，我们需要仔细分析和理解文本的结构和规律，以确定正确的匹配模式。这可以培养学生的逻辑思维和精确性，使他们能够在复杂的信息中筛选出有用的内容，并作出准确的判断。同时，鼓励学生严谨思考，注重细节，追求精确性，以提高他们在实际工作和生活中的决策能力和执行力。

➢ 正则表达式在处理文本时具有很强的适应性和灵活性，可以根据不同的需求进行定制和修改。这可以引导学生培养适应性和学习能力，使他们能够迅速适应新的环境和挑战，并不断学习新知识、新技能。鼓励学生保持开放的心态，积极面对变化，不断提升自己的适应能力和学习能力。

➢ 正则表达式需要我们具备诚信和道德的观念。在使用正则表达式时，我们需要确保其合法、适当和道德，不进行违法、不当或不道德的活动。我们需要尊重他人的权利和隐私，遵守社会公德和职业道德。

正则表达式（regular expression）是一种用于模式匹配和替换的强有力的工具，它由一系列普通字符和特殊字符组成，能明确描述文本字符的文字匹配模式。项目开发中，经常需要对表单中输入内容的格式进行限制。例如，用户名、密码、手机号、身份证号的格式验证，这些内容遵循的规则繁多而又复杂，如果要成功匹配，可能要编写上百行代码，这种做法显然不可取。此时，就需要使用正则表达式，利用较简短的描述语法完成诸如查找、匹配、替换等功能。本章将围绕如何在 JavaScript 中使用正则表达式进行详细讲解。

# 8.1　认识正则表达式

正则表达式常简称为 regex、regexp 或 RE，是一种强大的文本字符串处理工具，它使用单个字符串来描述、匹配一系列符合某个句法规则的字符串。正则表达式是文本模式的表达方式，包括字母、数字和特殊字符。通过这种方式，正则表达式不仅可以帮助你在文本中进行查找、替换、检索操作，还能用于输入验证等。正则表达式通常被用于以下场景。

视频讲解

（1）搜索：在文本中查找满足特定模式的字符串。

（2）匹配：检查文本是否符合特定的模式（例如，检查邮箱地址的格式是否正确）。

（3）替换：根据特定模式来替换文本中的字符串。

（4）分割：使用模式作为分隔符来分割文本。

正则表达式的概念最早可以追溯到 20 世纪 50 年，当时由美国数学家 Stephen Cole Kleene 提出了正则集合的数学概念，这是一种用来描述符号集合的代数系统。Kleene 在他的论文 *Events in Nerve Nets and Finite Automata* 中提出了这一概念，并由此引入了"正则集合"（regular sets）和"正则表达式"（regular expressions）的术语。Kleene 的这项工作是建立在神经网络和自动机理论的基础上的。

正则表达式在计算机科学领域的应用始于 1960 年代。UNIX 操作系统的共同开发者之一 Ken Thompson，在 1968 年实现了一个早期版本的 QED 文本编辑器，该编辑器包括了一项创新功能：使用正则表达式进行文本搜索。随后，正则表达式的概念和应用扩展到了许多其他计算机科学领域，尤其是在文本处理和字符串搜索方面。

1970 年，正则表达式得到了进一步的发展，并在 UNIX 操作系统中扮演了重要角色。1979 年发布的 UNIX 版本 V7 包含了 ed、sed 和 grep 这些工具，它们提供了正则表达式的强大文本处理能力。特别是 grep 工具，它的名字来自英语词组"global regular expression print"，意指"全局正则表达式打印"，展现了正则表达式在文本搜索和处理中的强大能力。

从那时起，正则表达式成为计算机程序设计和文本处理的一个重要工具。现在，几乎所有的现代编程语言和许多文本处理工具都支持某种形式的正则表达式，它们用于实现复杂的文本匹配、搜索和替换功能。正则表达式的语法和概念在过去几十年里有了一定的发展和标准化，但基本原理保持不变，继续为软件开发提供强大的文本处理能力。

# 8.2　创建正则表达式

视频讲解

在 JavaScript 中，创建正则表达式有两种主要方式：字面量语法和 RegExp 构造函数。

## 8.2.1　字面量语法

字面量语法使用斜杠（/）将正则表达式包围起来。这是一种简洁且常用的创建正则表达式的方式。字面量语法在脚本加载时编译正则表达式，语法格式如下：

```
var regex = /pattern/flags;
```

pattern：匹配的文本模式。

flags：可选项，用来指定正则表达式的行为（如全局搜索、忽略大小写等）。

示例：

```
var regex = /hello/i; // 匹配"hello",忽略大小写
```

## 8.2.2　RegExp 构造函数

RegExp 构造函数允许从字符串中创建正则表达式。这在动态生成正则表达式时特别有用，比如需要将变量插入正则表达式中的情形。语法格式如下：

```
var regex = new RegExp("pattern", "flags");
```

"pattern"：要匹配的文本模式，作为字符串传入。

"flags"：可选项，用来指定正则表达式的行为（如全局搜索、忽略大小写等）。

示例：

```
var str = "hello";
Var regex = new RegExp(str, "i"); // 匹配"hello",忽略大小写
```

## 8.2.3　标志符（Flags）

无论是使用字面量语法还是 RegExp 构造函数，都可以指定一些标志来改变正则表达式的搜索行为。

189

g：全局搜索。

i：忽略大小写。

m：多行搜索。

u：使用 unicode。

y：黏性搜索，匹配从目标字符串的当前位置开始。

# 8.3　正则表达式的使用方法

在 JavaScript 中，正则表达式的基本使用涵盖了字符串匹配、搜索、替换和分割等操作。这些操作都是通过字符串对象的方法来实现的，这些方法接收正则表达式作为参数。

视频讲解

**1. test( )　方法**

test( ) 方法用于检查字符串是否符合正则表达式的模式。如果找到匹配，则返回 true；否则返回 false。

示例代码如图 8-1 所示。

```
 9    <script type="text/javascript">
10        var pattern = /hello/;
11        console.log(pattern.test('hello world')); // 输出: true
12        console.log(pattern.test('Hello world')); // 输出: false，因为默认情况下大小写敏感
13    </script>
```

图 8-1

应用场景：快速验证输入数据是否符合特定格式（如电子邮件、电话号码）；确认字符串中是否包含某个词或短语。

**2. match( )　方法**

match( ) 方法在字符串中执行查找，返回匹配到的所有项的数组。如果未找到匹配项，则返回 null。

示例代码如图 8-2 所示。

```
var text = 'Hello, world. Hello, JavaScript.';
var matches = text.match(/hello/gi); // 'g' 是全局搜索, 'i' 是忽略大小写
console.log(matches); // 输出: ["Hello", "Hello"]
```

图 8-2

应用场景：提取字符串中的所有匹配项；分析或统计文本中的特定词汇出现次数。

**3. replace( )方法**

replace( )方法用于替换字符串中所有匹配的部分。可以接收一个字符串或正则表达式作为搜索参数，还可以接收一个字符串或函数作为替换参数。

示例代码如图 8-3 所示。

```
var message = 'Hello, world. Hello, JavaScript.';
var newMessage = message.replace(/hello/gi, 'Hi');
console.log(newMessage); // 输出: "Hi, world. Hi, JavaScript."
```

图 8-3

应用场景：在文本中查找并替换特定词汇或短语；使用函数动态生成替换文本，以进行更复杂的替换操作。

**4. search( )方法**

search( )方法用于搜索匹配项的位置，返回匹配到的第一个项的索引。如果没有找到匹配项，则返回 −1。

示例代码如图 8-4 所示。

```
var text = 'Hello, world.';
var index = text.search(/world/); // 查找"world"的位置
console.log(index); // 输出: 7
```

图 8-4

应用场景：确定字符串中是否存在某个模式；找出特定模式首次出现的位置。

**5. split( )方法**

split( )方法使用正则表达式作为分隔符分割字符串，返回分割后的字符串数组。

示例代码如图 8-5 所示。

```
var data = 'apple, banana, cherry';
var fruits = data.split(/,\s*/); // 根据逗号和随后的任意空白字符分割
console.log(fruits); // 输出: ["apple", "banana", "cherry"]
```

图 8-5

应用场景：将字符串分割成数组，便于处理每个部分；基于复杂的分隔符进行字符串分割（如多个空格、逗号加空格等）。

【案例 8-1】创建正则表达式。代码如图 8-6 所示。

```
  *案例1创建正则表达式.html
 1 <!DOCTYPE html>
 2 <html>
 3     <head>
 4         <meta charset="UTF-8">
 5         <title>创建正表达式</title>
 6     </head>
 7     <body>
 8     </body>
 9 <script type="text/javascript">
10     // 字面量语法示例
11     var reg1 = /world/gi;
12     // RegExp构造函数示例
13     var pattern = "world";
14     var flags = "gi";
15     var reg2 = new RegExp(pattern, flags);
16     // 测试字符串
17     var str = "Hello world. Hello World.";
18     // 测试两种正则表达式是否有效
19     console.log(str.match(reg1)); // 输出: ["world", "World"]
20     console.log(str.match(reg2)); // 输出: ["world", "World"]
21 </script>
22 </html>
```

图 8-6

# 8.4　正则表达式中的字符

## 8.4.1 ▎ 定位符

这些元字符用来匹配输入字符串的位置，而不是具体的内容。

^：匹配输入的开始。例如，/^A/ 匹配任何以"A"开头的字符串。

$：匹配输入的结束。例如，/t $/ 匹配任何以"t"结尾的字符串。

\b：匹配一个单词边界。例如，/ \ bword \ b/ 匹配独立的"word"。

\B：匹配非单词边界。/ \ Bword \ B/ 匹配不独立的"word"。

示例代码如图 8-7 所示。

```
11         var regex = /^A.*t$/;
12
13         // 测试字符串是否符合正则表达式
14         console.log(regex.test("Alice went")); // true, 因为字符串以"A"开始, 以"t"结尾
15         console.log(regex.test("An abrupt stop")); // false, 因为虽然以"A"开始, 但不是以"t"结尾
16         console.log(regex.test("A great moment")); // true, 同上
17         console.log(regex.test("Just a test")); // false, 因为不是以"A"开始
18         console.log(regex.test("At")); // true, 特殊情况, 字符串仅有两个字符"A"和"t", 且满足条件
```

图 8-7

正则表达式的组成：

^A：表明字符串必须以大写的"A"开始。

. *：表明在"A"和"t"之间可以有任意数量的任意字符，包括零个字符。

t $：表明字符串必须以小写的"t"结尾。

## 8.4.2 字符类

字符类是正则表达式的基本组成部分之一，允许定义一个字符集合，从而匹配集合中的任何一个字符。

**1. 预定义字符类**

.：点匹配除换行符之外的任何单个字符。例如，/.n/可以匹配"an"和"on"。

\ d：匹配任何数字，等价于 [0-9]。

\ D：匹配任何非数字字符，等价于 [^0-9]。

\ w：匹配任何字母、数字字符，包括下划线，等价于 [A-Za-z0-9_]。

\ W：匹配任何非字母、数字字符，等价于 [^A-Za-z0-9_]。

\ s：匹配任何空白字符，包括空格、制表符、换页符等。

\ S：匹配任何非空白字符。

**2. 自定义字符类**

通过使用中括号 []，可以创建自定义的字符类，匹配指定的任何字符。

[abc]：匹配任何一个列在中括号中的字符（在这个例子中，可以匹配"a""b"或"c"）。

[^abc]：匹配任何不在中括号中的字符（在这个例子中，匹配除了"a""b""c"之外的任何字符）。

[a-z]：匹配任何小写字母。

[A-Z]：匹配任何大写字母。

[0-9]：匹配任何数字。

[A-Za-z]：匹配任何字母。

[0-9A-Za-z]：匹配任何字母、数字字符。

【案例 8-2】验证用户邮箱。

代码如图 8-8 所示。

```
1  <!DOCTYPE html>
2  <html>
3      <head>
4          <meta charset="UTF-8">
5          <title>验证用户邮箱</title>
6      </head>
7      <body>
8      </body>
9  <script type="text/javascript">
10         // 定义一个正则表达式来匹配邮箱地址
11         var emailRegex = /^[a-zA-Z0-9._-]+@[a-zA-Z0-9.-]+\.[a-zA-Z]{2,6}$/;
12
13         // 测试用的邮箱地址数组
14         var emails = ["zhangsan@163.com", "hello.world@qq.com", "liu@", "@wang.com"];
15
16         // 使用传统的for循环遍历邮箱地址数组
```

图 8-8

```
17    for (var i = 0; i < emails.length; i++) {
18        // 创建一个匿名函数并立即执行, 传入当前的邮箱地址
19        (function(email) {
20            // 使用test方法检查邮箱地址是否符合正则表达式定义的模式
21            if (emailRegex.test(email)) {
22                console.log(email + " 是一个有效的邮箱地址。");
23            } else {
24                console.log(email + " 不是一个有效的邮箱地址。");
25            }
26        })(emails[i]);
27    }
28    </script>
29 </html>
```

续图 8-8

运行结果如图 8-9 所示。

图 8-9

var emailRegex = /^ [a-zA-z0-9. _ -] +@ [a-zA-z0-9. -] +\ . [a-zA-z] {2, 6} $/;
含义如下。

^: 代表匹配字符串的开始。确保从输入字符串的最开始进行匹配。

[a-zA-Z0-9. _ -]+: 用来匹配邮箱地址的用户名称部分。其中, a-zA-Z0-9 匹配任何大小写字母和数字。

. _ 表示邮箱地址的用户名中可以出现". "和_ 。

+: 确保前面的字符集 (字母、数字、点、下划线、短横线) 可以出现一次或多次。

@: 这个是邮箱地址中必须出现的字符, 用来分隔用户名称和邮箱的域名部分。

[a-zA-Z0-9. -]+: 用来匹配邮箱地址的域名部分, 规则与用户名称部分相似, 但通常不包括下划线。其中, a-zA-Z0-9: 匹配域名中的任何字母和数字; . -: 域名中也允许点和短横线出现; +: 表示前面的字符集可以重复一次或多次。

\ . : 这里的点 (.) 是域名中的顶级域名 (如 . com、. org) 前的分隔符。在正则表达式中, 点是一个特殊字符, 代表任意字符的匹配, 因此需要用反斜线 \ 进行转义, 使其被解释为字面上的点字符。

[a-zA-Z] {2, 6}: 匹配顶级域名。其中, a-zA-Z: 表示顶级域名只能包含字母; {2, 6} 表示顶级域名的长度至少为2, 最多为6个字符。这个范围覆盖了大多数现有的顶级域名, 如 . com、. info、. email 等。

$: 代表匹配字符串的结束, 确保正则表达式匹配到的是整个字符串的末尾。

(function (email) {…} ) (emails [i] ); 定义了一个匿名函数, 并且这个函数立即被执行。函数接收一个参数email, 这里通过 (emails [i] ) 传入当前循环到的邮箱地址。

### 8.4.3 ┃ 量词类

量词用于指定一个模式可以出现的次数。

**1. 基本量词**

﹡：匹配前面的子表达式零次或多次。例如，ab﹡可以匹配 a、ab 或 abbbb 等。

＋：匹配前面的子表达式一次或多次。例如，ab+可以匹配 ab、abb 或 abbbb 等，但不会匹配 a。

？：匹配前面的子表达式零次或一次。例如，ab？可以匹配 a 或 ab，但不会匹配 abb。

**2. 确切次数**

{n}：匹配前面的子表达式确切 n 次。例如，a {3} 仅匹配 aaa。

{n,}：匹配前面的子表达式至少 n 次。例如，a {2,} 可以匹配 aa、aaa 或更多的 a。

{n，m}：匹配前面的子表达式至少 n 次，但不超过 m 次。例如，a {2，3} 可以匹配 aa 或 aaa，但不会匹配 a 或 aaaa。

**3. 惰性量词**

惰性量词通过在贪婪量词后添加？来实现，它们会尽可能少地匹配字符。

﹡？：零次或多次匹配，但尽可能少地匹配。

+？：一次或多次匹配，但尽可能少地匹配。

？？：零次或一次匹配，但尽可能少地匹配。

{n，m}？：至少 n 次，至多 m 次匹配，但尽可能少地匹配。

【案例 8-3】密码强度验证。

密码需要包含三种不同类型的字符（大写字母、小写字母、数字），并且总长度至少为 8 个字符。代码如图 8-10 所示。

```
 9▪   <script type="text/javascript">
10        // 定义一个正则表达式来验证密码强度
11        var passwordPattern = /^(?=.*[A-Z])(?=.*[a-z])(?=.*\d).{8,}$/;
12        // 测试密码数组
13        var testPasswords = ["StrongPass1", "weakpass", "PASS123", "Pass1234"];
14        // 对每一个密码执行函数来判断其强度
15▪       testPasswords.forEach(function(password) {
16            // 使用正则表达式测试密码
17▪           if (passwordPattern.test(password)) {
18                // 如果密码符合要求, 打印是强密码
19                console.log(password + " 符合规则");
20▪           } else {
21                // 如果密码不符合要求, 打印不是强密码
22                console.log(password + " 密码强度不够");
23            }
24        });
25    </script>
```

图 8-10

^和 ＄分别标记字符串的开始和结束。

（？=.＊［A-Z］）是一个正向前瞻，确保字符串中至少有一个大写字母。

（？=.＊［a-z］）是另一个正向前瞻，确保字符串中至少有一个小写字母。

（？=.＊\d)是第三个正向前瞻，确保字符串中至少有一个数字。

.{8,}确保字符串的总长度至少为8。

## 8.4.4 转义符

### 1. 转义特殊字符

在正则表达式中，有些字符具有特殊的含义。例如，.（点）代表任意单个字符，＊（星号）代表前面的字符可以出现零次或多次，+（加号）代表前面的字符至少出现一次，等等。如果你想匹配这些特殊字符本身，而不是它们的特殊含义，就需要使用反斜线进行转义。

例如，要匹配一个点（.），你需要使用反斜线转义它，写作 \.；同样，要匹配星号（＊），你需要写作 \＊。代码如下：

```
var regex = /\. /;                    //匹配单个点字符
var regex = /\* /;                    //匹配单个星号字符
```

### 2. 表示特定的字符类

反斜线也用来表示一些特定的字符类或特殊字符。

\d 代表任意一个数字，等价于［0-9］。

\D 代表任意一个非数字字符，等价于［^0-9］。

\w 代表任意一个字母、数字或下划线，等价于［a-zA-Z0-9_］。

\W 代表 \w 的反义，即任意一个非单词字符。

\s 代表任意一个空白字符，如空格、制表符、换行符等。

\S 代表任意一个非空白字符。

\b 表示单词边界。

\B 表示非单词边界。

\0 表示 null 字符（注意，不是数字 0）。

\n 表示换行符。

\t 表示制表符。

\uXXXX 表示 Unicode 字符。其中，XXXX 是字符的 Unicode 代码点。

代码如图 8-11 所示。

```
10    <script type="text/javascript">
11        var regexString = "\\d+"; // 匹配一个或多个数字
12        var regex = new RegExp(regexString, "g"); // 使用字符串创建正则表达式
13        var testStr = "今年是闰年，全年有 366 天";
14        var matchResult = testStr.match(regex);
15        console.log(matchResult);
16    </script>
```

图 8-11

运行结果如图 8-12 所示。

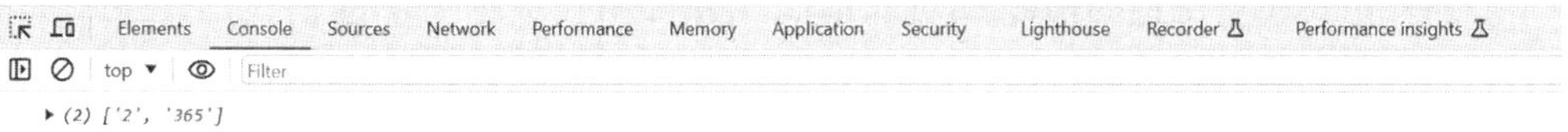

| | Elements | Console | Sources | Network | Performance | Memory | Application | Security | Lighthouse | Recorder | Performance insights |

▶ (2) ['2', '365']

图 8-12

## 8.4.5 ▏分组和引用

在 JavaScript 中的正则表达式里，小括号（（）） 用于分组和捕获。这些功能使得正则表达式不仅能够匹配文本，还能从中提取或操作子字符串。小括号的用途主要分为以下几种。

**1. 分组**

小括号将多个元素作为一个单一的单位进行处理。这对于应用量词（如 * , + , ? , {n}） 来说特别有用，因为量词默认只作用于它们前面紧临的那个元素。代码如图 8-13 所示。

```javascript
var regex = /(ab)+/; // 匹配一个或多个连续的 "ab"
var testStr = "ababab";
var matchResult = testStr.match(regex);
console.log(matchResult[0]); // 输出：ababab
```

图 8-13

**2. 捕获**

小括号不仅能分组，还可捕获匹配的文本。可以在匹配执行后从结果中提取出与每个小括号对应的匹配部分。代码如图 8-14 所示。

```javascript
var regex = /(\d{4})-(\d{2})-(\d{2})/; // 匹配日期格式 "yyyy-mm-dd"
var testStr = "今天是2024-04-02";
var matchResult = testStr.match(regex);
console.log(matchResult[1]); // 输出：2024 (年)
console.log(matchResult[2]); // 输出：04 （月）
console.log(matchResult[3]); // 输出：02 （日）
```

图 8-14

**3. 非捕获分组**

使用小括号的分组功能但不想捕获匹配的文本，可以使用（?：…） 语法。代码如图 8-15 所示。

```javascript
var regex = /(?:ab)+/; // 匹配一个或多个连续的 "ab"，但不捕获
var testStr = "ababab";
var matchResult = testStr.match(regex);
console.log(matchResult[0]); // 输出：ababab
```

图 8-15

**4. 正向前瞻和负向前瞻**

正则表达式还支持正向前瞻和负向前瞻，允许用户根据后面的模式匹配或不匹配来决定当前位置的匹配成功与否。

正向前瞻（?=）：匹配后面紧跟指定模式的文本。

负向前瞻（?!）：匹配后面不紧跟指定模式的文本。

代码如图 8-16 所示。

```javascript
var reg1 = /Jack(?= 王)/; // 匹配后面跟有 "王" 的 "Jack"
var reg2 = /Jack(?! 李)/; // 匹配后面不跟有 "李" 的 "Jack"
var testStrPositive = "Jack 张";
var testStrNegative = "Jack 刘";
console.log(reg1.test(testStrPositive)); // 输出: false
console.log(reg2.test(testStrNegative)); // 输出: true
```

图 8-16

【案例 8-4】提取日志文件中的错误信息。

代码如图 8-17 所示。

```javascript
 9  <script type="text/javascript">
10      // 日志文本
11      var logText = `
12      [2024-04-01 10:00:00] INFO 应用启动成功。
13      [2024-04-01 10:15:23] ERROR 无法连接到数据库。
14      [2024-04-01 10:15:55] WARNING 内存使用率超过80%。
15      [2024-04-01 10:16:05] ERROR 请求超时。
16      `;
17      // 将日志文本按行分割，以便单独处理每一行
18      var lines = logText.split('\n');
19      // 遍历每一行日志
20      lines.forEach(function(line) {
21          // 正则表达式用于匹配错误日志行
22          // - \[ 和 \] 匹配方括号字符
23          // - (\d{4}-\d{2}-\d{2} \d{2}:\d{2}:\d{2}) 是一个捕获组，匹配时间戳
24          // - ERROR 匹配文字"ERROR"
25          // - (.+) 是另一个捕获组，用于匹配错误信息，直到行的末尾
26          var regex = /\[(\d{4}-\d{2}-\d{2} \d{2}:\d{2}:\d{2})\] ERROR (.+)/;
27          // 使用正则表达式匹配当前行
28          var match = line.match(regex);
29          // 如果当前行匹配正则表达式（即，这是一个错误日志）
30          if (match) {
31              // 提取并存储时间戳和错误信息
32              var timestamp = match[1];
33              var errorMessage = match[2];
34              // 打印出时间戳和错误信息
35              console.log(`发生时间: ${timestamp}，错误信息: ${errorMessage}`);
36          }
37      });
```

图 8-17

运行结果如图 8-18 所示。

图 8-18

## 8.4.6 逻辑操作符

在 JavaScript 的正则表达式中，竖线（｜）用作选择符，实现逻辑中的"OR"操作，可以使用它来匹配多个模式中的一个。

**1. 基本用法**

yes｜no：这个表达式可以匹配字符串"yes"或"no"。

red｜green｜blue：这个表达式能匹配"red""green"或"blue"中的任意一个字符串。

**2. 分组和选择**

竖线（｜）也可以与小括号（（））结合使用，来创建子表达式，使用户在一个更大的表达式中进行更细致的控制。例如：

（cat｜dog）house：这个表达式匹配"cat house"或"dog house"。

（\d{4}）-（\d{2}）-（\d{2}）｜（N/A）：这个表达式用于匹配日期（格式为 YYYY-MM-DD）或字符串"N/A"。

当使用分组时，可以对某部分表达式应用量词（如 * 、+、?、{n} 等）来指定这部分表达式的重复次数。例如：

（go）+：这个表达式匹配一次或多次重复的"go"（如"go""gogo""gogogo"等）。

【案例 8-5】验证用户身份证号码是否合法。

（1）18 位身份证号码由 6 位地区码，8 位出生日期码，3 位顺序码和 1 位校验码组成。

（2）地区码：前 6 位，通常表示省、市、县级行政区划。

（3）出生年份：第 7 到 10 位，为 4 位数字。

（4）出生月份：第 11 和 12 位，范围为 01 ~ 12。

（5）出生日期：第 13 和 14 位，范围为 01 ~ 31，实际有效值取决于月份和是否闰年。

（6）顺序码：第 15 到 17 位，顺序码表示在同一地区、同年月出生的人的顺序，一般男性为奇数，女性为偶数。

（7）校验码：第 18 位，可能是 0 ~ 9 的数字或 X。

代码如图 8-19 所示。

```
9   <script type="text/javascript">
10      //定义一个正则表达式，用于匹配18位身份证号码，假设地区码为任意6位数字，
11      //出生年月日格式正确但不校验实际日期，顺序码为任意3位数字，最后一位为校验码
12      var idCardRegex = /^[1-9]\d{5}(19|20)\d{2}(0[1-9]|1[0-2])(0[1-9]|[12]\d|3[01])\d{3}(\d|X)$/;
13      // 测试身份证号码
14      var idCard = "51123419801231002X";  // 示例的18位身份证号码
15      // 使用正则表达式验证身份证号码
16      console.log(idCardRegex.test(idCard));
17  </script>
```

图 8-19

在这个正则表达式中：

^[1-9]：确保身份证号码以 1~9 之间的数字开始，排除了起始位为 0 的情况。

\d{5}：紧随其后的 5 位数字，与之前的第一位数字合起来，构成 6 位的地区码。

(19|20)\d{2}：出生年份，限定为 1900~2099 年。

(0[1-9]|1[0-2])：出生月份，从 1~12。

(0[1-9]|[12]\d|3[01])：出生日期，从 1~31。

\d{3}：顺序码，任意 3 位数字。

(\d|X)$：校验码，一位数字或大写的 X。

【案例 8-6】 用户注册验证。

功能要求如下。

用户名：只能包含字母、数字、下划线。字符长度为 5~12 个字符。

电子邮箱：需要符合常见的电子邮箱格式。

电话号码：可以是 11 位数字，以 1 开头。

身份证号码（18 位）：前 17 位为数字，最后一位可以是数字或 X。

密码：至少包含一个小写字母、一个大写字母和一个数字。可以包含特殊字符（如@，#，$等），字符长度为 8~16 个字符。

HTML 页面结构代码如图 8-20 所示。

```html
1  <!DOCTYPE html>
2  <html>
3      <head>
4          <meta charset="UTF-8">
5          <title>用户注册</title>
6          <link rel="stylesheet" type="text/css" href="css/regist.css"/>
7          <script src="js/regist.js" type="text/javascript" charset="utf-8"></script>
8      </head>
9      <body>
10         <div class="container">
11             <form id="signup-form" onsubmit="handleSubmit(event)">
12                 <h2>注册</h2>
13                 <div class="form-control">
14                     <label for="username">用户名</label>
15                     <input type="text" id="username" name="username" required>
16                 </div>
17                 <div class="form-control">
18                     <label for="email">邮箱</label>
19                     <input type="email" id="email" name="email" required>
20                 </div>
21                 <div class="form-control">
22                     <label for="password">密码</label>
23                     <input type="password" id="password" name="password" required>
24                 </div>
25                 <div class="form-control">
26                     <label for="phoneNumber">电话号码</label>
27                     <input type="phoneNumber" id="phoneNumber" name="phoneNumber" required>
28                 </div>
29                 <div class="form-control">
30                     <label for="idNumber">身份证号码</label>
31                     <input type="idNumber" id="idNumber" name="idNumber" required>
32                 </div>
33                 <div class="form-control">
34                     <button type="submit">注册</button>
35                 </div>
36                 <div id="message"></div>
37             </form>
38         </div>
39     </body>
40 </html>
```

图 8-20

CSS 样式代码如图 8-21 所示。

```css
1
2  body, html {
3      margin: 0;
4      padding: 0;
5      height: 100%;
6      display: flex;
7      justify-content: center;
8      align-items: center;
9      background-color: #f0f2f5;
10 }
11
12 .container {
13     padding: 20px;
14     width: 500px;
15     background: #ffffff;
16     box-shadow: 0 0 10px rgba(0, 0, 0, 0.1);
17     border-radius: 8px;
18 }
19
20 form h2 {
21     text-align: center;
22     margin-bottom: 20px;
23     color: #333;
24 }
25
26 .form-control {
27     margin-bottom: 20px;
28 }
29
30 .form-control label {
31     display: block;
32     margin-bottom: 5px;
33 }
34
35 .form-control input {
36     width: 100%;
37     padding: 10px;
38     border-radius: 5px;
39     border: 1px solid #ccc;
40 }
41
42 button {
43     width: 100%;
44     padding: 10px;
45     border: none;
46     border-radius: 5px;
47     background-color: #007bff;
48     color: white;
49     cursor: pointer;
50 }
51
52 button:hover {
53     background-color: #0056b3;
54 }
55
56 #message {
57     text-align: center;
58     padding: 10px;
59     display: none;
60 }
```

图 8-21

JavaScript 代码如图 8-22 所示。

```javascript
function validateRegistration(username, email, phoneNumber, idNumber, password) {
    // 用户名验证规则：只能包含字母、数字、下划线，长度5~12位
    const usernameRegex = /^[a-zA-Z0-9_]{5,12}$/;
    // 电子邮箱验证规则：基本的邮箱格式
    const emailRegex = /^[^\s@]+@[^\s@]+\.[^\s@]+$/;
    // 电话号码验证规则：11位手机号，以1开头
    const phoneRegex = /^1\d{10}$/;
    // 身份证号码验证规则：18位，前17位为数字，最后一位为数字或X
    const idNumberRegex = /^\d{17}[\dX]$/;
    // 密码验证规则：8~16位，至少包含一个小写字母、一个大写字母和一个数字，可以包含特殊字符
    const passwordRegex = /^(?=.*[a-z])(?=.*[A-Z])(?=.*\d)[a-zA-Z\d@#$%^&*]{8,16}$/;

    // 使用正则表达式测试用户名
    if (!usernameRegex.test(username)) {
        return { success: false, message: '用户名不符合要求。' };
    }
    // 使用正则表达式测试邮箱格式
    if (!emailRegex.test(email)) {
        return { success: false, message: '邮箱格式不正确。' };
    }
    // 使用正则表达式测试电话号码格式
    if (!phoneRegex.test(phoneNumber)) {
        return { success: false, message: '电话号码格式不正确。' };
    }
    // 使用正则表达式测试身份证号码格式
    if (!idNumberRegex.test(idNumber)) {
        return { success: false, message: '身份证号码格式不正确。' };
    }
    // 使用正则表达式测试密码格式
    if (!passwordRegex.test(password)) {
        return { success: false, message: '密码不符合要求。' };
    }

    // 如果所有验证都通过了
    return { success: true, message: '注册信息验证成功！' };
}
function handleSubmit(event) {
    event.preventDefault(); // 阻止表单的默认提交行为
    // 获取表单输入的值
    const username = document.getElementById('username').value;
    const email = document.getElementById('email').value;
    const phoneNumber = document.getElementById('phoneNumber').value;
    const idNumber = document.getElementById('idNumber').value;
    const password = document.getElementById('password').value;
    // 调用验证函数
    const validationResult = validateRegistration(username, email, phoneNumber, idNumbe
    // 显示验证结果
    const message = document.getElementById('message');
    if (validationResult.success) {
        message.textContent = validationResult.message;
        message.style.display="block";
        message.style.color = 'green';
    } else {
        message.textContent = validationResult.message;
        message.style.color = 'red';
        message.style.display="block";
    }
}
```

图 8-22

运行结果如图 8-23 所示。

当在输入框中输入正确格式以后显示注册成功，如图 8-24 所示。

图 8-23

图 8-24

当输入格式不正确时的显示如图 8-25 所示。

图 8-25

# 本章小结

本章讲解了什么是正则表达式、正则表达式的不同创建方式、正则表达式的使用、正则表达式的常用方法、正则表达式中的字符。通过本章的学习，希望读者掌握正则表达式的基本使用。

# 课后练习

一、填空题

1. 正则表达式中，模式由文本字符和_____组成。

2. 执行代码 "console. log（/abc/. test（' a1b2c3' ））" 的结果是_____。

3. 正则表达式中,用于匹配行首文本的元字符是_____。

4. 中括号"[ ]"和"^"连用时,"^"表示_____。

5. 模式修饰符_____表示忽略大小写。

二、判断题

1. match( )方法匹配失败时返回 false。(　　　)

2. 中括号"[ ]"和连字符"-"连用时表示匹配某个范围内的字符。(　　　)

3. 限定符"?"表示匹配前面的字符零次或一次。(　　　)

4. 正则表达式"/a(bc){2}/"表示匹配字符"c"两次。(　　　)

5. 正则表达式中,模式修饰符可以组合使用。(　　　)

三、选择题

1. 正则表达式"/[m][e]/gi"匹配字符串' programmer' 的结果是(　　　)。

A. m　　　　　　　B. me　　　　　　　C. mme　　　　　　　D. programmer

2. 正则表达式中,用于匹配行尾文本的元字符是(　　　)。

A. $　　　　　　　B. ^　　　　　　　C. \　　　　　　　D. ?

3. 下列选项中,正则表达式"/[^hot]/"可匹配的结果是(　　　)。

A. h　　　　　　　B. o　　　　　　　C. t　　　　　　　D. y

4. 下列选项中,用于匹配任意的字母、数字和下划线的预定义符是(　　　)。

A. \d　　　　　　　B. \w　　　　　　　C. \W　　　　　　　D. \s

5. 下列选项中,与限定符" * "作用相同的是(　　　)。

A. {0, }　　　　　　B. .　　　　　　　C. +　　　　　　　D. ?

四、简答题

1. 简述正则表达式中元字符小括号"( )"的功能。

2. 简述正则表达式的优先级。

五、编程题

1. 利用正则表达式验证用户输入的用户名是否合法,要求用户名以大写字母开头,由数字、字母组成,长度为 4～8 位。

2. 编写代码实现将字符串' The pen is 6 $ , the book is 35 $ ' 中的" $ "替换成"RMB"。

第九章

# JavaScript 面向对象编程

## 学习目标

➢ 了解面向对象编程；

➢ 掌握面向对象的特征；

➢ 掌握如何创建和使用构造函数；

➢ 掌握如何通过原型来实现对象的继承和共享属性；

➢ 理解在 JavaScript 中实现继承和多态，包括原型链继承、借用构造函数继承、组合继承等方式；

➢ 理解在 JavaScript 中实现封装和信息隐藏，以确保对象的状态安全性；

➢ 了解 ES6 中引入的类的语法和特性。

## 思政目标

➢ JavaScript 对象允许我们将现实世界中的事物抽象为代码中的对象，每个对象都有属性和方法。这种抽象化的过程能够帮助学生培养抽象思维能力，使他们能够将复杂的问题简化为更易于理解和处理的概念。

➢ 封装隐藏了对象的内部状态和实现细节，只对外提供必要的接口。这提醒学生在生活和工作中，需要保护机密信息，不泄露敏感数据。强调个人和团队的责任感，要求学生明确自己在团队或组织中的职责，保护团队的利益。

➢ 继承在编程中实现了代码的重用和扩展，反映了传统和创新的结合。这引导学生传承和发扬中华民族的优秀传统和文化。要求学生了解和学习中华文化的精髓，将其融入自己的学习和生活中，成为有文化底蕴的人。

➢ 继承允许我们基于已有的类创建新的类，实现代码的扩展和修改。这鼓励学生在传承的基础上勇于创新，敢于尝试新的方法和思路。要求学生具备探索精神和实践能力，勇于面对挑战和困难，不断学习和进步。

➢ 多态允许不同数据类型的实体对同一消息做出响应，体现了多样性和包容性的思想。引导学生正确面对社会的多样性和包容性，尊重和接纳不同的文化、思想和观点。鼓励学生以开放的心态面对多元世界，学会在差异中寻求共识，促进社会的和谐与进步。

# 9.1　面向对象编程概述

## 9.1.1　什么是面向对象编程

面向对象思想是计算机编程技术发展到一定阶段后的产物,已经日趋成熟,并被广泛应用到数据库系统、交互式界面、应用平台、分布式系统、人工智能等领域。目前,面向对象思想已经成为软件开发领域中一种非常重要的编程思想,通过面向对象可以使程序的灵活性、健壮性、可重用性、可扩展性、可维护性得到提升,尤其在大型项目设计中发挥着巨大的作用。

视频讲解

本章将围绕 JavaScript 开发中的面向对象设计思想,以及对象相关的一些原理和应用进行详细讲解。

## 9.1.2　面向对象编程的特征

面向对象的特征主要可以概括为封装性、继承性和多态性,下面进行简要介绍。

### 1. 封装性

封装是人们在现实世界中解决问题时,为了简化问题,对研究的对象所采用的一种方法。封装指的是将对象的状态信息隐藏在对象内部,不公开内部的具体实现细节,不允许外部程序直接访问对象的内部信息,仅能通过对外开放操作的接口进行访问。接口即对象对外公开的方法,无论对象的内部多么复杂,使用者只需知道这些接口怎么使用即可。例如,我们把汽车看成一个封装对象,对驾驶员而言,无须关心汽车各个组件的实现问题,只需要关注通过接口(即方向盘和各种仪表)如何操作汽车的问题。

封装的优势在于,无论一个对象内部的代码经过了多少次修改,只要不改变接口,就不会影响到使用这个对象时编写的代码。封装起来后使用者不会重点关注其内部实现,使处理问题变得更加简单。

### 2. 继承性

继承是面向对象最显著的一个特性。继承是从已有的对象中派生出新的对象,新的对象能吸收已有对象的数据属性和行为,能够在不改变另一个对象的前提下进行扩展新的能力。

例如,汽车和飞机都属于交通工具,程序中可以描述汽车和飞机继承自交通工具。同理,公交车和卡车都继承自汽车,运输机和直升机都继承自飞机。它们之间的继承关系如图 9-1 所示。从公交车到汽车,再到交通工具,这是一个逐渐抽象的过程。

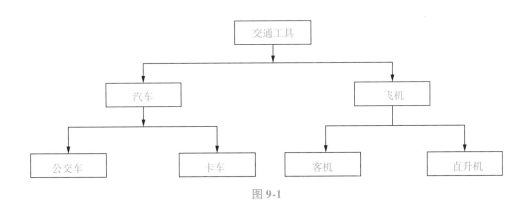

图 9-1

通过抽象,可以使对象的层次结构清晰。在继承体系中,越是靠近顶层的对象,描述就越抽象、共性;越是偏向底层的对象,描述就越具体、独特。在 JavaScript 中,String 对象就是对所有字符串的抽象,所有字符串都具有 toUpperCase( )方法,用来将字符串转换为大写,这个方法其实就是继承自 String 对象。

由此可见,利用继承一方面可以在保持接口兼容的前提下对功能进行扩展,另一方面增强了代码的复用性,为程序的修改和补充提供便利。在 JavaScript 中,继承的主要目的是实现代码的重用和封装。通过继承,可以从已有的对象构建出新的对象,可以继承原对象的公共成员,也可以根据需要添加、修改或重新实现这些成员。继承还可以建立对象之间的层次关系,形成逻辑和现实世界对象之间的关系模型。

### 3. 多态性

多态性指的是不同的对象在执行同样的操作时,会产生不同的表现形式。在 JavaScript 中,同一个变量可以存储不同类型的数据,这就是多态性的体现。例如,数字、数组、函数都具有 toString( )方法,当使用不同的对象调用该方法时,执行结果不同,示例代码如图 9-2 所示。

```
1    var obj = 100;
2    console.log(obj.toString());        //输出结果:  100
3    obj = [1,2,3,4,5,6,7,8,9,10];
4    console.log(obj.toString());        //输出结果:  1,2,3,4,5,6,7,8,9,10
5    obj = function(){
6        console.log("obj.toString()");
7    };
8    console.log(obj.toString());        //输出结果: function(){console.log("obj.toString()");}
```

图 9-2

在面向对象思想中,多态性一般是基于继承实现的,这是因为如果多个对象继承了同一个对象,那么就从父对象中获得了相同的方法,这些继承得来的方法再依据每个对象的需求来实现不同的功能效果。

虽然面向对象提供了封装、继承、多态等设计思想,但并不表示只要满足这些设计思想就可以设计出优秀的程序,还需要考虑如何合理地运用这些特征。例如,在封装时,如何给外部调用者提供完整且最小的接口,使外部调用者可以顺利得到想要的功能,而不需要考虑其内部的细节;在进行继承和多态设计时,对于继承了同一个对象的多种不同的子对象,如何设计一套相同的方法进行操作等。

# 9.2　理解对象

在现实生活中,对象是一个客观存在且具体的事物,能够看得见、摸得着,例如,一部手机、一辆汽车、一本书,都可以看成是"对象";在计算机中,一个网页、一个与网站服务器建立的连接也可以看成是"对象"。

在 JavaScript 中,对象是一种数据类型,它是由属性和方法组成的一个集合。属性是对象的状态或特征,用来描述对象的特点或特征;方法是对象的行为,用来定义对象能够执行的操作或动作。例如,描述一个汽车对象,汽车拥有的属性和方法如下所示。

(1)汽车的属性:厂商、型号、出厂年份、速度等。

(2)汽车的方法:启动、加速、转弯、制动和熄火等。

在代码中,属性可以看成是对象中保存的一个变量,用来存储数据;方法可以看成是对象中保存的一个函数,用来操作和处理对象的数据。

在 JavaScript 中,对象是通过"{}"语法实现的,对象的成员以键值对的形式存放在"{}"中,多个成员之间使用逗号分隔,在前面的章节中,我们通过字面量的方式创建了对象。ES6 对这种字面量语法进行了改进,主要包括属性值简写、可计算属性名和方法名简写。

**1. 属性值简写**

当创建的对象中的属性名和引用的变量名相同时,可以省略掉属性值。这种简写形式可以有效减少重复代码量。

代码如图 9-3 所示。

```
1    var automaker = '红旗';
2    var model = 'H5';
3    var car = {automaker,model};         //等同于 var car = {automaker:'红旗',model:'H5'}
4    console.log(car);                    //输出结果:   {automaker:'红旗',model:'H5'}
```

图 9-3

**2. 可计算属性名**

声明一个属性名依赖变量或表达式的对象,如图 9-4 所示。

```
1    var info = 'state';
2    var car = {
3        automaker:'红旗',
4        model:'H5'
5    }
6    car[info] = {
7        years:2023,
8        color:'black'
9    }
10   console.log(car);            //输出结果： {automaker:'红旗',model:'H5',state:{years:2023,color:'black'}}
```

图 9-4

ES6 中的对象字面量不再局限于使用静态名称声明属性,现在可以使用可计算属性名。使用方式:用中括号包裹表达式,将它作为对象的属性名。执行声明时,表达式才会被计算,计算结果将作为属性名使用。使用 ES6 的可计算属性名对上面的代码进行简写,如图 9-5 所示。

```
1    var info = 'state';
2    var car = {
3        automaker:'红旗',
4        model:'H5',
5        [info]: {
6            years:2023,
7            color:'black'
8        }
9    }
10   console.log(car);            //输出结果： {automaker:'红旗',model:'H5',state:{years:2023,color:'black'}}
```

图 9-5

### 3. 方法名简写

ES6 可以省略 function 和冒号来声明对象中的方法。代码如图 9-6 所示。

```
1    var car = {
2        automaker:'红旗',
3        model:'H5',
4        getInfo(){
5            console.log("automaker:"+this.automaker+"  model:"+this.model);
6        }
7    }
```

图 9-6

图 9-6 所示的效果等同于图 9-7。

```
1    var car = {
2        automaker:'红旗',
3        model:'H5',
4        getInfo:function(){
5            console.log("automaker:"+this.automaker+"  model:"+this.model);
6        }
7    }
```

图 9-7

# 9.3　创建对象的方式

## 9.3.1 构造函数的定义和使用

前面介绍了如何通过字面量的方式创建对象,这种方式虽然简单灵活,但是存在一些缺点。例如,当需要创建一组具有相同特征的对象时,无法通过代码指定这些对象应该具有哪些相同的成员。在以 Java 为代表的面向对象编程语言中,引入了类( class )的概念,用来以模板的方式构造对象。也就是说,通过类来定义一个模板,在模板中决定对象具有哪些属性和方法,然后根据模板来创建对象。其中,通过类创建对象的过程称为实例化,创建出来的对象称为该类的实例。

视频讲解

JavaScript 在设计之初并没有将创建对象的过程封装成函数,但可以通过函数来实现相同的目的。我们可以将创建对象的过程封装成函数,通过调用函数来创建对象,具体示例代码如图9-8所示。

```
1  function factory(automaker,model){
2      var car = {};
3      car.automaker = automaker;
4      car.model = model;
5      return car;
6  }
7  var car1 = factory('红旗','H5');
8  var car2 = factory('红旗','HS5');
9  console.log(car1);              //输出结果: {automaker:'红旗',model:'H5'}
10 console.log(car2);              //输出结果: {automaker:'红旗',model:'HS5'}
```

图 9-8

在上述示例中,我们将专门用于创建对象的 factory( ) 函数称为工厂函数。通过工厂函数,虽然可以创建对象,但是其内部是通过字面量"{ }"的方式创建对象的,还是无法区分对象的类型。

此时,可以采用 JavaScript 提供的另外一种创建对象的方式:通过构造函数创建对象。使用 new 运算符调用函数,可以构造一个实例对象。具体用法如图9-9所示。

$$var\ objName = new\ functionName(args);$$

图 9-9

objName 表示构造的实例对象,functionName( ) 表示一个构造函数,构造函数与普通函数没有本质区别。一般情况下,构造函数不需要返回值,构造函数内部通过 this 关键字指代实例化对象,或者指向调用对象,args 表示传入的参数列表。

【案例 9-1】使用构造函数创建对象。

代码如图 9-10 所示。

```
1    var obj1 = new Object();        //创建个一个空对象
2    var obj2 = new Array();         //创建一个空的数组对象
3    var obj3 = new Date();          //创建一个空的日期对象
```

图 9-10

使用 Object( )构造函数创建的对象是一个不包含任何属性和方法的空对象,而使用内置构造函数创建的对象将会继承该构造函数的属性和方法,在图 9-10 中的第 2 行代码创建了一个空的数组对象,但是这个新创建的对象 obj2 具有数组操作的基本方法和属性,如 length 属性可以获取该数组的元素个数,同理第 3 行代码创建的日期对象,会继承日期操作的基本方法和属性等。

在构造函数内可以通过点运算符声明本地成员。当然,构造函数结构体内也可以包含私有变量或函数,以及任意执行语句。

【案例 9-2】定义了一个构造函数 Car,通过参数来初始化这个对象的属性值。

代码如图 9-11 所示。

```
1    function Car(automaker,model){       //构造函数
2        this.automaker = automaker;      //构造函数的成员
3        this.model = model;              //构造函数的成员
4    }
5
6    var h5 = new Car('红旗','H5');
```

图 9-11

由于每个构造函数都定义了对象的一个类,所以需要给每个构造函数一个名字来标识它所创建的对象类,名字应该直观,同时在 JavaScript 中,构造函数通常以大写字母开头的命名约定来表示。这是一种通常的做法,可以便于区分构造函数和普通函数。

【案例 9-3】构造函数没有返回值,但是,构造函数可以返回一个对象值。

代码如图 9-12 所示。

```
1    function Car(automaker,model){       //构造函数
2        this.automaker = automaker;      //构造函数的成员
3        this.model = model;              //构造函数的成员
4        return this;                     //返回关键字this
5    }
6    //实例化构造函数
7    var h5 = new Car('红旗','H5');
8    //调用对象的属性
9    console.log(h5.automaker);
10   console.log(h5.model);
```

图 9-12

当使用 new 运算符调用构造函数时,JavaScript 会自动创建一个新的对象,然后把这个新的对象传递给 this 关键字,作为它的引用值。这样,this 就成为新创建对象的引用指针了。在构造函数结构体内,通过为 this 赋值定义实例对象的属性。

【案例 9-4】定义一个构造函数 Car,实例化对象,并调用对象成员。

代码如图 9-13 所示。

```
1   function Car(automaker,model,year){              //构造函数
2       this.automaker = automaker;
3       this.model = model;
4       this.year = year;
5       this.start = function(){
6           console.log('车辆已启动……');
7       };
8       this.stop = function(){
9           console.log('车辆已熄火……');
10      };
11      this.speedUp = function(){
12          console.log('车辆正在加速……');
13      };
14      this.turning = function(){
15          console.log('车辆正在转弯中……');
16      };
17  }
18
19  var h5 = new Car('红旗','H5',2023);
20  h5.start();
21  h5.speedUp();
22  h5.turning();
23  h5.stop();
```

图 9-13

在图 9-13 的代码中,第 2 ~ 第 4 行代码为构造函数 Car 的属性值进行实例化,第 5 ~ 第 16 行代码对 Car 的行为进行了描述。第 19 行代码具体实例化对象,第 20 ~ 第 23 行代码调用了对象当中的四个行为。运行结果如图 9-14 所示。

车辆已启动……

车辆正在加速……

车辆正在转弯中……

车辆已熄火……

图 9-14

## 9.3.2 使用原型实现属性和方法的共享

我们创建的每个函数都有一个 prototype(原型)属性,这个属性指向一个对象,包含由特定类型的所有实例共享的属性和方法。按照字面意思来理解,prototype 就是通过调

用构造函数而创建的对象实例的原型对象。使用原型对象的好处是可以让所有对象实例共享它所包含的属性和方法。换句话说,不必在构造函数中定义对象实例的信息,就可以将这些信息直接添加到原型对象中,如图 9-15 所示。

```
1    function Car(){
2
3    }
4    Car.prototype.automaker = '红旗';
5    Car.prototype.model = 'H5';
6    Car.prototype.year = 2023;
7    Car.prototype.getInfo = function(){
8        console.log("automaker: "+this.automaker+"  model:"+this.model+"  year:"+this.year);
9    };
10
11   var h5 = new Car();
12   h5.getInfo();                           //输出结果: automaker: 红旗  model:H5  year:2023
13
14   var hh5 = new Car();
15   hh5.getInfo();                          //输出结果: automaker: 红旗  model:H5  year:2023
16
17   console.log(h5.getInfo == h5.getInfo)   //输出结果:   true
```

图 9-15

在图 9-15 的代码中,第 4 ~ 第 9 行通过 prototype 原型创建了属性和方法。通过构造函数在第 11 行和第 14 行,创建了两个对象实例,通过输出可知两个对象实例当中的属性和方法是一样的。

虽然可以通过对象实例访问保存在原型中的值,但却不能通过对象实例重写原型中的值。如果在上例中加入 hh5. prototype. model = ' hh5' ,则会报出 TypeError 错误,无法设置 model 属性。

需要注意的是,构造函数中的属性和方法的优先级要高于原型中的,如果在实例中添加了一个属性,并且该属性与实例原型中的一个属性同名,则该属性将会屏蔽原型中的同名属性。来看下面的例子,如图 9-16 所示。

```
1    function Car(){
2
3    }
4    Car.prototype.automaker = '红旗';
5    Car.prototype.model = 'H5';
6    Car.prototype.year = 2023;
7    Car.prototype.getInfo = function(){
8        console.log("automaker: "+this.automaker+"  model:"+this.model+"  year:"+this.year);
9    };
10
11   var h5 = new Car();
12   var hh5 = new Car();
13
14   h5.automaker = '一汽红旗';
15
16   console.log(h5.automaker);          //来自实例
17   console.log(hh5.automaker);         //来自原型
```

图 9-16

在这个例子中,在第 14 行中 h5 的 automaker 被新值屏蔽了,但是无论第 16 行还是第

17 行访问 automaker 都能够正常地返回值。在第 16 行中访问 h5. automaker 时,会在这个实例上搜索名为 automaker 的属性,找到这个属性后,就返回它的值而不必再搜索原型了;在第 17 行当以同样的方式访问 hh5. automaker 时,并没有在实例上发现该属性,就会继续搜索原型,使用原型当中的 automaker 属性。

当为对象实例添加一个属性时,添加这个属性只会阻止访问原型中的那个同名属性,但不会修改那个属性。如果对这个属性进行删除操作,则又可以访问原型中的同名属性了。

代码如图 9-17 所示。

```
1    function Car(){
2
3    }
4    Car.prototype.automaker = '红旗';
5    Car.prototype.model = 'H5';
6    Car.prototype.year = 2023;
7    Car.prototype.getInfo = function(){
8        console.log("automaker: "+this.automaker+"   model:"+this.model+"   year:"+this.year);
9    };
10
11   var h5 = new Car();
12   var hh5 = new Car();
13
14   h5.automaker = '一汽红旗';
15
16   console.log(h5.automaker);          //输出结果:  一汽红旗    来自实例值
17   console.log(hh5.automaker);         //输出结果:  红旗       来自原型值
18
19   delete h5.automaker;                //删除实例值
20   console.log(h5.automaker);          //输出结果:  红旗       来自原型值
```

图 9-17

在这个修改后的例子中,在第 19 行中 h5. automaker 属性屏蔽了同名的原型属性,使用 delete 操作符删除后,就恢复了对原型中 automaker 属性的连接。因此,接下来在第 20 行再调用 h5. automaker 时,返回的就是原型中 automaker 属性的值了。

在构建原型成员时,为了减少不必要的输入,也为了更好地封装原型的功能,常见的做法是用包含所有属性和方法的对象字面量来重写整个原型对象,如图 9-18 所示。

```
1    function Car(){
2
3    }
4    Car.prototype = {
5        automaker:'红旗';
6        model:'H5';
7        year:2023;
8        getInfo:function(){
9            console.log("automaker: "+this.automaker+"   model:"+this.model+"   year:"+this.year);
10       }
11   }
```

图 9-18

相比于把方法写在构造函数中,把方法写在原型中消耗的内存更小,因为在内存中一个类的原型只有一个,写在原型中的行为可以被所有实例共享,实例化的时候并不会在实例的内存中再复制一份;而写在构造函数中的方法,实例化的时候会在每个实例中再复制一份,所以消耗的内存更高。因此,一般情况下,把属性写到构造函数中,而行为写到原型中。

# 9.4　继　　承

真正的面向对象语言必须支持继承机制,即一个类能够重用(继承)另一个类的方法和属性。在之前的章节中,学会了如何定义类的属性和方法,如果想让两个类具有同样的方法,还需要对类做什么样的设计呢? 这里就需要引入继承机制。

视频讲解

## 9.4.1 ▌继承的概念和实现方式

说明继承机制最简单的方法是利用一个经典的例子:几何形状。
在这个例子中,形状是椭圆形和多边形的父类;圆形继承了椭圆形,因此圆形是椭圆形的子类,椭圆形是圆形的父类。同样,三角形、长方形和五边形都是多边形的子类,多边形是它们的父类。最后,正方形继承了长方形。

我们可以用 UML(统一建模语言)解释这种继承关系,UML 能够可视化地表示像继承这样的复杂对象关系。图 9-19 是解释形状和它的子类之间关系的 UML 图示。

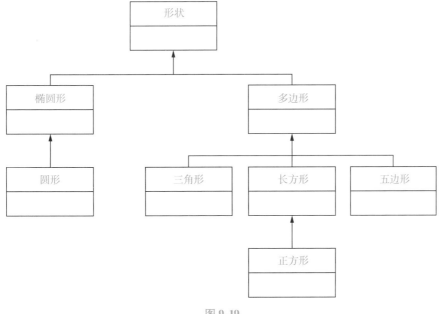

图 9-19

要实现继承机制,首先从父类入手。所有开发者定义的类都可作为父类。出于安全原因,本地类和宿主类不能作为父类,这样可以避免访问编译过的浏览器级的代码。选定父类后,就可以创建子类了。创建的子类将继承父类的所有属性和方法,包括构造函数及方法的实现。子类还可添加父类中没有的新属性和方法,也可以覆盖父类中的属性和方法。

## 9.4.2 原型链继承

继承这种形式原本是用于原型链的,定义类的原型方式在前面已作介绍。原型链扩展了这种方式,并以这种方式实现继承机制。

将原型链作为实现继承的主要方法,其基本思想是利用原型让一个引用类型继承另一个引用类型的属性和方法。这里简单回顾一下构造函数、原型和实例的关系:每个构造函数都有一个原型对象,原型对象都包含一个指向构造函数的指针,而实例都包含一个指向原型对象的内部指针。那么,假如我们让原型对象等于另一个类型的实例,结果会怎么样呢? 显然,此时的原型对象将包含一个指向另一个原型对象的指针,相应地,另一个原型中也包含着一个指向另一个构造函数的指针。假如另一个原型又是另一个类型的实例,那么上述关系依然成立,如此层层递进,就构成实例与原型的链条。这就是所谓原型链的基本概念。

实现原型链的基本代码如图 9-20 所示。

```
1    function ClassA(){
2
3    }
4    ClassA.prototype.color = 'red';
5    ClassA.prototype.sayColor = function(){
6        console.log(this.color);
7    }
8
9    function ClassB(){
10
11    }
12   ClassB.prototype = new ClassA();
```

图 9-20

在上面的代码中,第 12 行把 ClassB 的 prototype 属性设置成 ClassA 的实例。这样 ClassB 就可以获得 ClassA 的所有属性和方法,而不需要将 ClassA 的所有属性和方法逐个赋予 ClassB 的 prototype 属性。另外需要注意的是,调用 ClassA 的构造函数时,没有给它传递参数。这在原型链中是标准做法,要确保构造函数没有任何参数。

prototype 对象是个模板,要实例化的对象都以这个模板为基础。总而言之,prototype 对象的任何属性和方法都被传递给那个类的所有实例。原型链利用这种功能来实现继承机制。重定义前面例子中的类,它们将变为图 9-21 所示的形式。

```
1   function Vehicle(){
2       this.automaker = '红旗';          //品牌
3       this.color = '黑色';              //颜色
4   }
5   Vehicle.prototype.showVehicle = function(){
6       console.log('品牌：'+this.automaker+' 颜色：'+this.color);
7   }
8
9   function Car(){
10      this.seats = 5;                 //属性：座位
11  }
12
13  //继承Vehicle
14  Car.prototype = new Vehicle();
15  Car.prototype.showCar = function(){
16      console.log('汽车的座位有：'+this.seats+'个');
17  }
18
19  var h5 = new Car();
20  h5.showCar();
```

图 9-21

以上代码定义了两个对象 Vehicle 和 Car，分别有一个属性和一个方法。Car 继承了 Vehicle，而继承方式是通过创建 Vehicle 的实例，并将该实例赋给 Car. prototype 实现的。实现的本质是重写原型对象，代之以一个新类型的实例。换句话说，原来存在于 Vehicle 的实例中的所有属性和方法，现在也存在于 Car. prototype 中。在确立继承关系之后，给 Car. prototype 添加了一个方法，这样就在继承了 Vehicle 的属性和方法的基础上又添加了一个新方法。

子类的所有属性和方法都必须出现在 prototype 属性被赋值后。因为 prototype 属性被替换成新对象，那么之前赋值的所有方法都会被删除，原始对象将被销毁。为 ClassB 类添加 name 属性和 sayName( )方法的完整实例代码如图 9-22 所示。

```
1   function ClassA(){
2
3   }
4   ClassA.prototype.color = 'red';
5   ClassA.prototype.sayColor = function(){
6       console.log(this.color);
7   }
8
9   function ClassB(){
10
11  }
12  ClassB.prototype = new ClassA();
13
14  //为ClassB添加name属性和sayName()方法
15  ClassB.prototype.name = '';
16  ClassB.prototype.sayName = function(){
17      console.log(this.name);
18  }
19
20  //通过以下代码进行测试
21  var objA = new ClassA();
22  var objB = new ClassB();
23
24  objA.color = '红色';
25  objB.color = '黄色';
26  objB.name = '张三';
27
28  objA.sayColor();            //输出结果：红色
29  objB.sayColor();            //输出结果：黄色
30  objB.sayName();             //输出结果：张三
```

图 9-22

## 9.4.3 | 借用构造函数继承

借用构造函数继承的基本思想比较简单,即在子类型构造函数的内部调用父类的构造函数。函数可以看作是特定环境中执行代码的对象,因此通过使用 apply( ) 和 call( ) 方法也可以在新创建的对象上执行构造函数,如图 9-23 所示。

```javascript
1   function Vehicle(){
2       this.automaker = '红旗';           //品牌
3       this.color = '黑色';               //颜色
4       this.showVehicle = function(){
5           console.log('品牌: '+this.automaker+' 颜色: '+this.color);
6       }
7   }
8
9   function Car(){
10      //继承Vehicle
11      Vehicle.call(this);                //可以用Vehicle.apply(this);语句替换
12      this.seats = 5;                    //属性: 座位
13      this.showCar = function(){
14          console.log('汽车的座位有: '+this.seats+' 个');
15      }
16  }
17
18  var h5 = new Car();
19  h5.color = '红色';
20  h5.showVehicle();                      //输出结果: 品牌:  红旗 颜色: 红色
21
22  var hh5 = new Car();
23  hh5.showVehicle();                     //输出结果: 品牌:  红旗 颜色: 黑色
```

图 9-23

在代码 11 行通过使用 call( ) 方法,"借调"了父类的构造函数,当然也可以使用 apply( ) 方法进行替换。这样就会在创建 Car 对象时执行 Vehicle( ) 构造函数中定义的所有对象初始化代码。因此,Car 的每个实例都会具有 Vehicle( ) 构造函数里面的属性和方法了。

相对于原型链而言,借用构造函数有一个很大的优势,即可以在子类的构造函数中向父类构造函数传递参数。对上面例子进行改进,如图 9-24 所示。

```javascript
1   function Vehicle(automaker,color){
2       this.automaker = automaker;        //品牌
3       this.color = color;                //颜色
4       this.showVehicle = function(){
5           console.log('品牌: '+this.automaker+' 颜色: '+this.color);
6       }
7   }
8
9   function Car(automaker,color,seats){
10      //继承Vehicle,同时传递了参数
11      Vehicle.call(this,automaker,color);
12      //实例属性
13      this.seats = seats;                //属性: 座位
14      this.showCar = function(){
15          console.log('汽车的座位有: '+this.seats+' 个');
16      }
17  }
18
19  var h5 = new Car('红旗','黑色',5);
20  h5.showVehicle();                      //输出结果: 品牌:  红旗 颜色: 黑色
21  h5.showCar();                          //输出结果: 汽车的座位有:  5 个
```

图 9-24

在以上代码中,Vehicle 构造函数接收两个参数,并赋给两个属性 automaker 和 color。在第 11 行,Car( )构造函数内部调用 Vehicle 构造函数赋值的同时,也为 Car 的实例设置了 seats 属性。需要注意的是,为了保证 Vehicle( )构造函数不会重写子类型的属性,可以在调用父类构造函数后,再添加在子类中定义的属性。

## 9.4.4 组合继承

组合继承,有时候也称为伪经典继承,指的是将原型链和借用构造函数的技术组合到一块,从而发挥二者之长的一种继承模式。其背后的思路是使用原型链实现对原型属性和方法的继承,而通过借用构造函数来实现对实例属性的继承。这样,既通过在原型上定义方法实现了函数复用,又能够保证每个实例都有它自己的属性。

下面来看一个例子,如图 9-25 所示。

```
1   function Vehicle(automaker,color){
2       this.automaker = automaker;          //品牌
3       this.color = color;                  //颜色
4   }
5
6   Vehicle.prototype.showVehicle = function(){
7           console.log('品牌: '+this.automaker+' 颜色: '+this.color);
8   }
9
10  function Car(automaker,color,seats){
11      //继承Vehicle,同时传递了参数
12      Vehicle.call(this,automaker,color);
13      //实例属性
14      this.seats = seats;                   //属性: 座位
15  }
16
17  //继承方法
18  Car.prototype = new Vehicle();
19  Car.prototype.showCar = function(){
20      console.log('汽车的座位有:   '+this.seats+'个');
21  }
22
23  var h5 = new Car('红旗','黑色',5);
24  h5.showVehicle();                         //输出结果: 品牌:   红旗 颜色: 黑色
25  h5.showCar();                             //输出结果: 汽车的座位有:   5 个
26
27  var hh5 = new Car('一汽红旗','红色',5);
28  hh5.showVehicle();                        //输出结果: 品牌:   一汽红旗 颜色: 红色
29  hh5.showCar();                            //输出结果: 汽车的座位有:   5 个
```

图 9-25

在这个例子中,Vehicle 构造函数定义了两个属性 automaker 和 color,Vehicle 的原型定义了一个方法 showVehicle( )。在第 12 行 Car 构造函数在调用 Vehicle 构造函数时传入了 automaker 和 color 参数,然后定义了自己的属性 seats。在代码第 18 行,将 Vehicle 的实例赋值给 Car 的原型,然后该原型上定义了方法 showCar( )。这样一来,不同的 Car 实例既可以分别拥有自己属性,又可以使用相同的方法了。

组合继承避免了原型链和借用构造函数的缺陷,融合了它们的优点,成为 JavaScript中最常用的继承模式。

# 9.5 封　　装

封装是面向对象编程的一个重要概念,它使我们能够将数据和操作封装在一个单独的单元中,从而实现代码的模块化和隐藏内部实现细节。在 JavaScript 中,封装可以通过下面几种方式来实现。

视频讲解

## 9.5.1 私有成员

在构造函数中,使用 var 关键字定义的变量称为私有成员,在实例对象后无法通过"对象．成员"的方式进行访问,但是私有成员可以在对象的成员方法中访问。

具体示例如图 9-26 所示。

```
1   function Person(){
2       var name = '张三';
3       this.getName = function(){
4           return name;
5       };
6   }
7
8   var zhangsan = new Person();            //创建实例对象zhangsan
9   console.log(zhangsan.name);             //访问私有成员, 输出结果: undefined
10  console.log(zhangsan.getName());        //访问对外开放的成员, 输出结果: 张三
```

图 9-26

在上述代码中,在第 1 ~ 第 6 行创建 Person( ) 构造函数,里面包括一个私有成员 name 和一个公开方法 getName( )。在第 9 行通过实例对象去访问私有成员 name,输出结果为 undefined,但是在第 10 行通过公开接口可以正常访问到私有成员 name。私有成员 name 体现了面向对象的封装性,即隐藏程序内部的细节,仅对外开放接口 getName( ),防止内部的成员被外界随意访问。

## 9.5.2 使用 ES5 实现封装

JavaScript 并没有提供类似于其他编程语言中的私有属性和方法的关键字,但可以模拟私有属性和方法的访问控制。

在图 9-27 所示的例子中,在 Car( ) 构造函数中,第 5 行代码定义了私有变量 _price,为了和其他属性进行区分,这里加一个前缀"_"。在实例化后的对象中,第 13 行代码输出结果中查看可知 _price 对外是完全不可见的。如果想要访问 _price 的值,只能通过公开的 getPrice( ) 方法获取。除了获取,不能做其他操作,这就是封闭的特点:类负责将私有变量隐藏起来,外面对私有变量的所有访问只能通过提供的公开接口实现。

```
1   function Car(automaker,model,year,price){
2       this.automaker = automaker;
3       this.model = model;
4       this.year = year;
5       var _price = price;              //私有变量
6       this.getPrice = function(){
7           console.log('价格为：'+_price);
8       }
9   }
10
11  var car = new Car('红旗','H5','2024','保密');
12
13  console.log(car);                    //输出car对象的成员
14  console.log(car.automaker);          //输出car对象的automaker属性
15  console.log(car.model);              //输出car对象的model属性
16  console.log(car.year);               //输出car对象的year属性
17  console.log(car._price);             //尝试访问私有变量_price，输出结果: undefined
18  car.getPrice();                      //通过方法访问私有变量_price，输出结果: 价格为：保密
```

图 9-27

## 9.5.3 ▎使用 ES6 中的类实现封装

在各种面向对象编程语言中，class 关键字的使用较为普遍，而 JavaScript 为了简化难度并没有这样设计。为了让 JavaScript 更接近一些后端语言（如 Java、PHP 等）的语法，从而使开发人员更快地适应，ES6 增加了 class 关键字，用来定义一个类。在类中可以定义 constructor( )构造方法。

具体示例代码如图 9-28 所示。

```
1   //定义类
2   class Car{
3       constructor(automaker,model,year){
4           this.automaker = automaker;
5           this.model = model;
6           this.year = year;
7       }
8       getInfo(){
9           console.log('automaker:'+this.automaker+',model: '+this.model+',year: '+this.year);
10      }
11  }
12
13  //实例化时会自动调用constructor()构造方法
14  var car = new Car('红旗','H5','2024');
15  car.getInfo();                       //输出结果: automaker:红旗,model: H5,year: 2024
```

图 9-28

下面改进这部分代码，如图 9-29 所示，增加私有变量_price，验证是否可以达到封装的效果。

需要注意的是，在这个代码里面，_price 属性我们设定了私有变量，那么_price 的可访问区间就是在 constructor( )方法内部范围，即代码第 3 ~ 第 11 行。若 getInfo( )方法需要作为对外接口访问内部私有变量，则 getInfo( )方法定义的位置也应该在 constructor 方法的内部，否则会超出范围，无法访问到_price 私有变量。

```
1    //定义类
2    class Car{
3        constructor(automaker,model,year,price){
4            this.automaker = automaker;
5            this.model = model;
6            this.year = year;
7            var _price = price;                //私有变量
8            this.getInfo = function(){
9                console.log('automaker:'+this.automaker+',model: '+this.model+',year: '+this.year+', 价格: '+_price);
10           }
11       }
12
13   }
14
15   //实例化时会自动调用constructor()构造方法
16   var car = new Car('红旗','H5','2024','保密');
17   console.log(car);                          //输出car对象的成员
18   console.log(car.automaker);                //输出car对象的automaker属性
19   console.log(car.model);                    //输出car对象的model属性
20   console.log(car.year);                     //输出car对象的year属性
21   console.log(car._price);                   //尝试访问私有变量_price，输出结果：undefined
22   car.getInfo();                             //通过方法访问私有变量_price
```

图 9-29

# 9.6　多　　态

在 JavaScript 中，多态是一种重要的面向对象编程概念，它允许我们使用相同的方法名来执行不同的操作，具体取决于调用该方法的对象的类型。这种机制使得代码更加灵活和可重用。

视频讲解

多态的实现通常依赖于继承和方法重写。在一个继承关系中，子类可以继承父类的方法，并根据需要对其进行覆盖重写。当子类对象调用这个方法时，执行的是子类中的重写版本，而不是父类中的原始版本。这就实现了多态。在 JavaScript 中，所有父类方法都可以直接覆盖。

示例代码如图 9-30 所示。

```
1    function Calc(value1,value2){
2        this.data1 = value1;
3        this.data2 = value2;
4        this.GetResult;
5        this.toString = function(){
6            if(this.GetResult)
7                return this.GetResult()+"";
8            return "0";
9        }
10   }
11   function SumCalc(value1,value2){
12       Calc.call(this,value1,value2);
13       this.GetResult = function(){
14           return this.data1 + this.data2;
15       }
16   }
17   function ProductCalc(value1,value2){
18       Calc.call(this,value1,value2);
19       this.GetResult = function(){
20           return this.data1 * this.data2;
21       }
22   }
23
24   var s = new SumCalc(2,3);
25   console.log(s.toString());                 //输出结果: 5
26   var p = new ProductCalc(2,3);
27   console.log(p.toString());                 //输出结果: 6
```

图 9-30

在上述代码的 Calc 构造函数中,定义了两个属性 data1 和 data2,以及一个方法 toString( ),并定义了"抽象函数"GetResult( )。在第 12 行,实现 SumCalc 类对 Calc 类的继承;在第 18 行,实现了 ProductCalc 类对 Calc 类的继承。同时 SumCalc 类和 ProductCalc 类分别实现了 GetResult( )方法。虽然 SumCalc 类和 ProductCalc 类都存在 toString( )方法,但是执行的结果却不一样。这就是多态性的一种体现。

再比如,首先假设有一个父类 Animal,它有一个 makeSound( )方法。然后,我们创建了两个子类 Dog 和 Cat,它们都继承了 Animal 类,并重写了 makeSound( )方法。当我们分别创建 Dog 和 Cat 的对象,并调用它们的 makeSound( )方法时,会输出不同的结果:Dog 对象会输出"汪汪汪",而 Cat 对象会输出"喵喵喵"。这也是多态的体现,简单示例代码如图 9-31 所示。

```
1    function Animal(){
2        this.makeSound;
3    }
4
5    function Dog(){
6        Animal.apply(this);
7        this.makeSound = function(){
8            console.log('汪汪汪……');
9        }
10   }
11   function Cat(){
12       Animal.apply(this);
13       this.makeSound = function(){
14           console.log('喵喵喵……');
15       }
16   }
17
18   var dog = new Dog();
19   dog.makeSound();
20   var cat = new Cat();
21   cat.makeSound();
```

图 9-31

在 JavaScript 中,多态通常通过对象的方法覆盖来实现,尽管 JavaScript 本身并不支持传统意义上的类继承,但我们可以使用 ES6 的类( class)语法来模拟类似的效果。图 9-32 所示的是一个使用 ES6 类语法的多态例子。

在这个例子中,Shape 类有一个 draw( )方法,它输出一个通用的绘图消息。Circle 类和 Rectangle 类都继承自 Shape 类,并且都重写了 draw 方法以输出特定于它们自己的绘图消息。当我们创建 Circle 和 Rectangle 的实例,并调用它们的 draw 方法时,由于多态性,每个对象都会执行它们自己类中的 draw( )方法实现,而不是父类 Shape 中的通用方法实现。

需要注意的是,虽然 JavaScript 支持多态,但与其他一些语言( 如 Java 或 C++)相比,其实现方式略有不同。JavaScript 没有强制的类型系统,但它通过原型链和类的继承机制,允许我们模拟出类似其他面向对象语言中的多态行为。

总的来说,多态是 JavaScript 中一种强大的编程机制,它使得代码更加灵活、可重用和易于维护。通过合理地利用多态,我们可以编写出更加高效和可扩展的 JavaScript 应用程序。

```javascript
1   //定义一个父类Shape
2   class Shape{
3       constructor(name){
4           this.name = name;
5       }
6       //父类中的draw方法
7       draw(){
8           console.log('绘制的形状类型为:  '+this.name);
9       }
10  }
11
12  //定义一个子类Circle, 继承自Shape
13  class Circle extends Shape{
14      constructor(name,radius){
15          super(name);             //调用父类的constructor
16          this.radius = radius;
17      }
18      //子类重写draw方法
19      draw(){
20          console.log('绘制一个半径:  '+this.radius+' 的圆');
21      }
22  }
23
24  //定义另一个子类Rectangle, 也继承自Shape
25  class Rectangle extends Shape{
26      constructor(name,width,height){
27          super(name);             //调用父类的constructor
28          this.width = width;
29          this.height = height;
30      }
31      //子类重写draw方法
32      draw(){
33          console.log('绘制一个宽:  '+this.width+' 高:  '+this.height+' 的矩形');
34      }
35  }
36  //创建Circle和Rectangle对象, 并调用它们的draw方法
37  const circle = new Circle('Circle',5);
38  const rectangle = new Rectangle('Rectangle',10,20);
39
40  circle.draw();           //输出: 绘制一个半径:  5 的圆
41  rectangle.draw();        //输出: 绘制一个宽:  10 高:  20 的矩形
```

图 9-32

# 本 章 小 结

本章首先介绍了 JavaScript 面向对象编程的基本概念和重要性,说明面向对象编程在 JavaScript 中的应用场景和优势;较为详细地讨论了 JavaScript 中对象的概念;介绍构造函数的概念,以及如何使用构造函数创建对象,同时讨论原型的作用,以及如何通过原型实现属性和方法的共享。详细讨论 JavaScript 中的继承机制,包括原型继承和 ES6 中的类继承,以及如何实现继承的不同方法和技巧。介绍封装和多态在面向对象编程中的概念和作用,以及在 JavaScript 中如何通过函数、闭包、动态类型等实现封装和多态。探讨 JavaScript 中如何实现类似访问控制的效果,包括通过闭包和命名约定等方式进行封装和限制访问等。

通过本章的学习,大家初步了解了 JavaScript 面向对象编程的基本概念和技术,能够运用面向对象的思想和方式完成开发,从而更好地应用于实际项目当中。

## 课后练习

**一、填空题**

1. 面向对象有封装性、_____和多态性三大特征。

2. 在 ES6 中,使用_____关键字可以定义一个类。

3. 在 ES6 中,子类继承父类的属性或方法可以通过_____关键字实现。

4. 抛出错误对象使用的关键字是_____。

5. 利用构造函数的_____属性可以访问原型对象。

**二、判断题**

1. 面向对象更适合项目规模非常小、功能非常少的情况。(　　　)

2. 封装指的是隐藏内部的实现细节,只对外开放操作接口。(　　　)

3. Object 对象的 create( ) 方法是 ES5 中新增的一种继承实现方式。(　　　)

4. __proto__是一个标准的属性。(　　　)

5. 如果将构造函数的原型对象修改为另一个不同的对象,就无法使用 constructor 属性访问原来的构造函数了。(　　　)

**三、选择题**

1. 下列选项中,不属于面向对象特征的是 (　　　)。

A. 继承性　　　　　B. 兼容性　　　　　C. 封装性　　　　　D. 多态性

2. 下列选项中,关于类的描述错误的是 (　　　)。

A. 类指的是创建对象的模板

B. 命名习惯上,类名使用首字母大写的形式

C. 在类中定义方法时,不需要使用 function 关键字

D. 使用 super 关键字只能调用父类的构造方法

3. 下列选项中,描述错误的是 (　　　)。

A. 每个对象都有一个 __proto__ 属性

B. 原型对象里有一个 constructor 属性,该属性指回了构造函数

C. 通过实例对象的 __proto__ 属性可以访问该对象的构造函数

D. 通过原型对象的 __proto__ 属性可以访问原型对象的原型对象

4. 下列选项中,执行"console. log(Object. prototype. __proto__)"的结果是 (　　　)。

A. null　　　　　B. undefined　　　　　C. String　　　　　D. Function

5. 下列选项中,用于通过实例对象 p 访问构造函数的语句是 (　　　)。

A. console. log(p. __proto__);

B. console. log(p. prototype);

C. console. log（p. prototype. \_\_proto\_\_）;

D. console. log（p. constructor）;

四、简答题

1. 简述面向过程与面向对象的区别。

2. 简述什么是成员查找机制。

五、编程题

1. 利用 ES6 中的类，实现子类继承父类，其中父类有 money、cars 和 house 属性以及 manage() 方法。

2. 创建一个 Person() 构造函数，通过该构造函数创建实例对象 p，在控制台输出实例对象 p 的原型对象和构造函数的原型对象。

# 参考文献

［1］赵海燕．JavaScript 编程全解析［M］．北京：人民邮电出版社，2020．

［2］李强，王丽华．零基础学 JavaScript［M］．北京：机械工业出版社，2019．

［3］张伟，李娜．JavaScript 实战指南［M］．北京：人民邮电出版社，2018．

［4］王鹏，刘丽娜．掌握 JavaScript［M］．北京：机械工业出版社，2017．

［5］李明，王芳．JavaScript 从入门到精通［M］．北京：人民邮电出版社，2021．

［6］黑马程序员．JavaScript 前端开发案例教程［M］．2 版．北京：人民邮电出版社，2022．

［7］黑马程序员．JavaScript+jQuery 交互式 Web 前端开发［M］．北京：人民邮电出版社，2020．

［8］未来科技．JavaScript 从入门到精通（标准版）［M］．北京：中国水利水电出版社，2018．

［9］曾探．JavaScript 设计模式与开发实践［M］．北京：人民邮电出版社，2021．